果蔬施肥新技术丛书

# 白菜甘蓝类蔬菜科学施肥

邹良栋　白百一　编著

金盾出版社

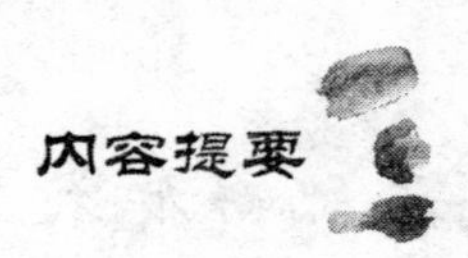

## 内容提要

本书为果蔬施肥新技术丛书的一个分册。内容包括：科学施肥的基本知识，蔬菜科学施肥方法与原则，大白菜科学施肥技术，小白菜科学施肥技术，结球甘蓝科学施肥技术，花椰菜科学施肥技术等。本书内容全面系统，技术科学实用，文字通俗易懂，适合广大菜农和基层农业技术推广人员学习使用，也可供农业院校相关专业师生阅读参考。

**图书在版编目(CIP)数据**

白菜甘蓝类蔬菜科学施肥/邹良栋，白百一编著．—北京：金盾出版社，2013.11

(果蔬施肥新技术丛书)

ISBN 978-7-5082-8631-0

Ⅰ．①白…　Ⅱ．①邹…②白…　Ⅲ．①白菜类蔬菜—施肥②甘蓝类蔬菜—施肥　Ⅳ．①S634.106②S635.06

中国版本图书馆 CIP 数据核字(2013)第 187567 号

**金盾出版社出版、总发行**

北京太平路 5 号(地铁万寿路站往南)

邮政编码：100036　电话：68214039　83219215

传真：68276683　网址：www.jdcbs.cn

封面印刷：北京凌奇印刷有限责任公司

正文印刷：北京军迪印刷有限责任公司

装订：兴浩装订厂

各地新华书店经销

开本：850×1168 1/32　印张：4.5　字数：85 千字

2013 年 11 月第 1 版第 1 次印刷

印数：1～7 000 册　定价：9.00 元

# 目 录

# 第一章　科学施肥的基本知识

科学施肥就是以作物的生产目标(产量、质量)为基础,综合考虑所栽培作物对养分的需求和吸收、菜园土的供肥能力、肥料的种类和特点以及生长环境等因素,合理选择施用肥料的种类、数量和施肥时期、施用方法,制定科学的施肥计划并在生产中具体实施。

## 一、植物生长必需营养元素

植物不断地从土壤中吸收营养物质以满足其自身生长发育的需要,植物吸收的营养元素参与植物体结构和重要化合物的合成,参与酶促反应、能量代谢、缓冲或调节植物的生理代谢过程。养分充足,各种元素配比适当,植株生长发育良好,作物产量和品质提高;反之,则植株生长发育不良,作物产量和品质会受到严重影响。

### (一)植物体内的元素组成

植物体内的元素组成十分复杂,一般新鲜植物体内水分含量为75%～95%,干物质含量为5%～25%。植物体内水分含量的多少,常因植物种类和组织器官的不同而有所差异。将新鲜植物组织烘干后剩下的干物质中,绝大部分是有机化合物,约占95%,其余的5%左右是无机化合物。干物质经燃烧后，有机物被氧化分解并以气体的形式逸出。据测定，以气体的形式逸出的主要是碳(C)、氢(H)、氧(O)、氮(N)4种元素，残留下来的灰分组成却相当复杂，包括磷(P)、钾(K)、钙(Ca)、镁(Mg)、氯(Cl)、硅(Si)、钠(Na)、钴(Co)、铝(Al)、镍(Ni)、钼(Mo)等60多种化学元素，这些元素并不都是植物生长发育所必需的。植物对化学元素的吸收，除决定于它的营养特性外，还与环境条件有关，如土壤溶液中含有高浓度的 $Na^+$ 时，植物将被动地吸收 $Na^+$，并在其体内积累。而实践证明，$Na^+$ 并不是所有高等植物生长发育所必需的，对于大多数高等植物来说，它只是被偶然吸收的。因此，只分析植物体的元素组成是不够的，必须分清哪些元素是植物必需的，哪些是偶然进入植物体的。

## (二)植物生长必需营养元素

**1. 判断植物必需营养元素的标准** 判断某种元素是否为植物生长发育所必需，并不是根据它在植物体内含量的多少，而是根据它在植物体内所起的营养作用。植物必需营养元素应符合3个条件：一是这种元素是完成植物生活周期所不可缺少的，如果缺少，植物就不能正常生长发育。二是该元素缺乏时，植物呈现专一的缺素症，只有补充后才能恢复或预防，其他元素不能代替其作用。三是对植物营养具有直接作用的效果，而不是因其改善了植物生活条件所产生的间接效果。

**2. 植物生长必需营养元素** 根据植物必需营养元素应

具备的3个条件，通过营养液培养法，在营养液中系统地减去植物灰分中的某些元素，如果植物不能正常生长发育，则证明减去的元素是必需的。到目前为止，已经确定植物生长发育所必需的营养元素共有16种，它们是碳(C)、氢(H)、氧(O)、氮(N)、磷(P)、钾(K)、钙(Ca)、镁(Mg)、硫(S)、硼(B)、锰(Mn)、钼(Mo)、锌(Zn)、铜(Cu)、铁(Fe)、氯(Cl)。此外，在非必需营养元素中有些元素对特有植物的生长有良好的作用，甚至是不可缺少的，如硅对水稻是必需的，钠对甜菜、硒对紫云英是有益的。只是限于目前的科技水平，还没有被证实是否为所有高等植物生长发育的必需元素，因此将它们称为有益元素。

16种必需营养元素中，由于植物对它们的需要量不同，又可分为大量营养元素、中量营养元素和微量营养元素。大量营养元素又称常量营养元素，有碳、氢、氧、氮、磷、钾6种。中量营养元素有钙、镁、硫3种。微量营养元素有硼、锰、钼、锌、铜、铁、氯7种。

从来源上看，碳、氢、氧3种元素来自于空气和水，其余13种均来自于土壤(豆类作物可固定一定数量空气中的氮)，因此土壤养分状况对作物生长和产量有着直接影响。其中氮、磷、钾3种营养元素由于植物的需要量大，土壤中含量低，常常需要通过施肥加以补充，因此被称为植物营养三要素或肥料三要素。

### (三)植物吸收养分的特点

养分是植物生长发育的基础，土壤是植物养分的主要来源。植物主要通过根系从土壤中吸取养分，也可以通过叶片和茎秆从大气中获取营养物质，这是土壤施肥和叶面施肥的依据。

**1. 根系吸收养分的特点** 蔬菜植株地下部分所有的根总称为根系，真正起吸收作用的是位于根尖端表面的白色根毛。根毛很脆弱，也很容易受到伤害，因此保护根毛是保证植株养分吸收的关键。

(1)根系吸收养分的形态 土壤中的养分主要是以离子态的形式被植物根系吸收的，化肥之所以见效快，就是因为化肥进入土壤溶液后很快被分解为无机离子而被植物吸收利用。土壤中的有机物质必须经过微生物分解，转变为离子态养分后才能被植物吸收，这是有机肥见效慢而肥效长的主要原因。

(2)根系吸收水分和养分不成比例 植物根系对矿质元素的吸收和对水分的吸收是同时进行的，但矿质元素并不是被动地随着水分一起从土壤中被带入植物体内，二者没有直接的相关关系，水分只是为营养元素的吸收提供一个环境。植物对矿质元素和水分的吸收机制不同，植物吸水与蒸腾作用有关，矿质元素的吸收则是一个复杂的需要消耗能量的过程，绝不是水分越多吸肥就越多。

(3)根系对养分的吸收有选择性 如果只用某种单一的盐溶液培养植物，不久植物便会呈现不正常状态，最后死亡。即使该单盐溶液是植物必需的营养元素，其浓度也适合，毒害也会发生。对一种离子吸收过多而导致植物死亡

的现象称单盐毒害。植物只能在含有适当比例的多种必需盐溶液中才能正常生长发育,这种对植物生长良好而无毒害作用的溶液称平衡溶液。植物对同一种盐的阳离子和阴离子的吸收是有选择性的,化肥本身就是无机盐类,化肥施用并被植物吸收一段时间后,其相关的离子由于不被植株吸收或吸收较少,便大部分存留于土壤中,就会引起土壤酸碱度的变化。由于植物对不同离子的选择性吸收,施肥后使土壤变酸的肥料称生理酸性肥(如硫酸铵),使土壤变碱的肥料称生理碱性肥(如硝酸钠),而施肥后土壤酸碱度不变的肥料称生理中性肥(如硝酸铵)。

**2. 营养元素间的相互作用**　植物对某离子的吸收,除了受环境因素的影响之外,还要受其他离子作用的影响。营养离子间的相互关系可分为两种类型,即离子间的拮抗作用和协助作用。

(1)离子间的拮抗作用　溶液中一种离子的存在抑制作物对另一种离子的吸收称为离子间的拮抗作用。离子间的拮抗作用主要表现在阳离子与阳离子之间或阴离子与阴离子之间。实践证明:钙—镁拮抗,钾—铁拮抗,钾—钙拮抗,钾—镁拮抗,磷—锌拮抗,钙—硼拮抗。因此,多施磷肥易诱发缺锌,施用钙肥可以防止硼的毒害作用。

(2)离子间的协助作用　溶液中一种离子的存在促进植物对另一种离子吸收的作用称为离子间的协助作用。研究表明:溶液中钙、镁、铝等二、三价离子能促进钾离子的吸收,氮能促进磷的吸收,钾—锌协助,钾—硼协助,磷—钼协助，施用钾肥有助于减轻磷—锌拮抗现象。

这里需要说明的是，离子间的相互作用是复杂的，在某一浓度下是拮抗的离子，在另一浓度下又可能是协助的离子，而且不同植物反应也不相同。这是因为不同植物对营养元素的需求量是有一定比例关系的，如果破坏这种比例关系，就会影响植物对离子的正常吸收，从而影响其正常的生长发育。

**3. 植物各生长期的营养特性** 营养物质是植物生长的基础，植物的全生育期每时每刻都需要养分的供应，但不同的生长阶段所需要养分的种类和数量以及各种养分的比例是不同的。

(1)植物营养连续性和阶段性 植物从种子萌发到种子形成的整个生长周期内，要经历许多不同的生长发育阶段。除前期种子营养阶段和后期根系停止吸收养分的阶段以外，其他阶段都要通过根系从土壤中吸收养分。植物通过根系从土壤中吸收养分的整个时期，叫做植物的营养期。在此期内根系需要不间断地从土壤中吸收养分，称为植物营养的连续性。植物的整个营养期中，不同的营养阶段对营养条件如营养元素的种类、数量和比例等，都有不同的要求，这就是植物营养的阶段性。施肥时，既要使植物在整个营养期内均能够吸收到足够的养分，又要考虑到各营养阶段的不同特点，做到基肥、种肥、追肥相结合，从而达到优质高产、低成本高效益的目的。

(2)植物营养临界期 植物生育过程中，常有一个时期

对某种养分的要求在绝对数量上虽不多,但很敏感,而且需要迫切,如果缺乏这种养分,对植物生育的影响极其明显,并由此而造成的损失,即使以后补施该种养分也很难纠正和补充,这一时期就叫植物营养临界期。大多数植物的磷素营养临界期都在幼苗期,而氮素营养临界期则常比磷稍向后移,通常在营养生长转向生殖生长的时期。

(3)*植物营养最大效率期*　植物生长发育过程中,有一个时期需要养分的绝对数量最多,吸收速率最快,所吸收的养分能最大限度地发挥其生产潜能,增产效率最高,这就是植物营养最大效率期。此期往往在植物生长中期,对施肥的反应最为明显,从外部形态上看,植株生长旺盛,比如大白菜在结球期,甘蓝在莲座期。植物营养临界期和最大效率期是植物营养和施肥的两个关键时期,在这两个阶段,应根据植物本身的营养特点和植物吸收养分的连续性,合理施肥,以满足植物的营养要求。

## 二、必需营养元素与植物生长

营养元素参与植物生长发育的各种生理活动,但每种营养元素在植物生长发育过程中所起的作用是不同的。营养元素的存在数量与状态直接影响植物生命活动的进行和植株的生长,进而影响产量和质量。如果某种元素缺乏,植物正常的生理活动不能进行,正常的生长发育不能完成,就会在植株体上呈现一定的症状,称为缺素症。不同元素缺乏呈现的缺素症状是不同的,根据植株所表现的缺素症状可判断植物缺乏哪一种营养元素。

## (一)大量元素

植物生长必需的大量元素中碳、氢、氧 3 种元素来自于空气和水,一般不会出现缺乏的情况,主要介绍其他 3 种大量元素。

**1. 氮素营养** 氮是植物体内蛋白质、核酸、叶绿素、酶及一些维生素的组成成分,是植物生长发育所必需的重要营养元素,参与和影响植物体内多种生理活动。氮素缺乏或过剩都会给蔬菜的生长发育带来不利的影响。

(1)氮素缺乏症状 氮素是植物体内可再利用的营养元素,必要时能从老叶转移到幼叶。氮素缺乏症状一般从下部老叶开始显现,再逐渐扩展至上部幼叶。主要表现是生长缓慢,植株矮小,叶片小而薄且失绿变黄;根量少、生长停止、变褐色;茎矮短细弱、分枝少、木质化程度高。严重缺氮时腋芽枯萎,下部老叶变黄且干枯死亡,植株生长停止,结球类蔬菜包心延迟或不包心。

大白菜生产早期氮素缺乏,植株矮小,叶片黄色且小而薄,茎部细长,生长缓慢。中后期缺氮,叶球不充实,包心期延后,叶片纤维增加,品质降低。

小白菜缺氮时植株生长缓慢、瘦弱;主茎矮小纤细,株形松散;新叶生长慢,叶片少且小,呈黄绿色至黄色,茎下部叶片有的边缘发红,并逐渐扩大到叶脉。

甘蓝对氮素的需要仅次于钙和钾,但氮对甘蓝的生长发育作用较大。甘蓝幼苗期缺氮易形成老小苗,并引起抽

薹。生长期缺氮，植株矮小，总体呈苍白色，叶小挺直，幼叶浅绿色、无光泽，老叶紫红色或橙色，下部叶片易脱落，结球不紧或难以抱心。

花椰菜对氮素需求量较大，氮素供应不足会引起根系老化，且叶片中养分向花蕾输送，而导致下部叶片变黄，甚至脱落。所以，在花蕾形成期应施足氮肥。

（2）氮素过剩症状 氮肥施用过多会造成植物营养体贪青徒长、生育期延迟、生长期延长；叶片大且浓绿，柔嫩多汁，易受机械损伤并引起真菌性病害；植株浓密，通风透光不良，中下部叶片提早衰败；蔬菜开花延迟且数量少，果实和肉质根发育不良；植物体内氮素过剩还会诱发磷、钙、硼等元素缺乏，氨积累过多易引起氨中毒，硝酸盐累积，品质下降。

（3）氮素失调防治措施 氮素缺乏症状的防治应以提高土壤供氮能力为主，可采取增施有机肥，以增加土壤有机质进而培肥土壤，也可少量多次施用氮肥增加土壤中氮素含量。蔬菜生长旺季（结球期）重点追施氮肥以补充氮素的不足。如果土壤氮素过量则要注意氮、磷、钾肥的平衡施用，并控制氮肥的用量。

**2. 磷素营养** 磷是核酸、核蛋白和磷脂等物质的组成成分，影响植物体内的碳水化合物、蛋白质、脂肪等多种代谢功能，从而直接影响植物生根、出叶、分枝和开花结果等生长发育过程。蔬菜生长前期和种子形成期对磷的需求量较大。由于磷易与土壤中的物质结合而被固定，因此降低了磷元素的有效性。

(1)磷素缺乏症状　磷素缺乏时细胞发育不良，植株矮小，叶少无光泽。磷素缺乏会促进铁的吸收和利用，使细胞内叶绿素含量过多，叶呈暗绿色。严重缺磷时植株体内碳水化合物大量积累形成花青苷，茎叶出现紫红色斑点和条纹；植物生长发育不良而导致花芽分化受阻、结球延迟、球体疏松、品质下降。磷素缺乏症状一般从老叶开始显现。

大白菜缺磷生长不旺盛，植株矮化，叶小、呈暗绿色。茎干细小，根系变细。

小白菜对磷很敏感，缺磷首先表现在老叶上，从幼叶至老叶叶色由暗绿色、暗紫色发展至紫红色。

甘蓝缺磷时叶片暗绿带紫，植株外部叶片表现更为明显，叶片小且坚硬，叶缘枯死，叶片展开缓慢，影响营养物质的积累，常不能结球。

花椰菜缺磷时花序红色，叶片硬化、尖角并带有紫边。幼苗期缺磷表现为叶片小且伸展不良。

(2)磷素过剩症状　磷素供应过多时，植物整齐度差，叶片肥厚且密集，叶色浓绿，茎生长受到抑制，花、果实等器官过早发育，植株矮小，容易引起植物早衰。磷过剩易导致蔬菜产品纤维素含量多，降低品质。磷素过剩时还会诱发植株缺锌、缺铁、缺镁等失绿症状。

甘蓝施用磷素过剩时植株矮小，下部老叶叶尖发黄。

(3)磷素失调防治措施　磷素缺乏时可以增施有机肥培肥地力，提高土壤的供磷能力；改善土壤的酸碱性，减少

土壤对磷的固定，增加磷的有效性。如果能把磷肥与少量腐熟有机肥混合并采用集中施用的方法效果更好。

如磷素过剩，可以增施微生物菌剂释放土壤中的磷素，还可通过深耕增加土壤透气性，采取填土、换土等措施解除或减轻磷积累危害。

**3. 钾素营养** 钾能促进碳水化合物、氨基酸、蛋白质和脂肪的代谢，影响植物体内有机物的代谢和输送。钾能通过提高植物体内碳水化合物含量而增强植物的抗寒性；通过调节气孔的开闭功能而提高植物的抗旱性和细胞的持水能力；通过提高植物体内纤维素含量而增强细胞壁的机械组织强度，增强植物抗倒伏和抵抗病虫害的能力。

(1)钾素缺乏症状 蔬菜作物对钾的需求量很大，钾在植物体内有较大的移动性，缺钾症状先出现在老叶。蔬菜缺钾时老叶的叶尖和叶缘先变黄，再逐渐变褐呈灼烧状焦枯，叶片皱缩并出现褐斑，最后叶片呈红棕色或干枯状而坏死脱落；根系生长明显停滞，细根和根毛生长很差，容易出现根腐病；茎干组织柔弱，容易倒伏。

大白菜缺钾时从植株下部叶片开始叶缘变褐枯萎，逐渐向内侧或上部叶片发展；开始结球时叶脉间易出现坏死斑点；抗软腐病、霜霉病的能力降低。

小白菜缺钾时从叶缘开始黄化，沿叶脉失绿，有褐色斑点或局部出现白色干枯组织。严重缺钾时，叶肉明显出现灼烧状，叶缘出现焦枯，随后凋萎。

甘蓝缺钾时对苗的生长影响不大，但在下部叶片的叶

缘处发生淡黄色斑点，短时间内就会蔓延至全部叶片，导致叶片脱落。在甘蓝生长过程中缺乏钾素，叶色暗绿，叶缘呈黄褐色卷曲状，老叶片淡紫色、叶尖枯萎；结球变小、不紧实，严重时不能包心。

花椰菜缺钾时叶色暗绿，老叶变黄、叶缘与叶脉间的组织呈褐色，容易发生黑心病。

（2）钾素过剩症状　施用过量钾肥会由于破坏了植株养分平衡而导致品质下降，造成蔬菜作物的奢侈吸收和钾素的浪费，容易引起作物缺镁症和喜钠作物的缺钠症。

（3）钾素失调防治措施　根据作物对钾素的吸收特点以及土壤中钾素的含量、分布，合理施用钾肥。出现缺钾症状，应及时补充钾肥，予以防止和补救。土壤中如果钙、镁较少也容易发生钾的缺乏，因此需要配合施用钙、镁肥。

### （二）中量元素

**1. 钙素营养**　蔬菜大多为喜钙作物。钙是细胞壁的结构成分，对于提高植物保护组织的功能和植物产品的耐贮性有积极的作用；钙与中胶层果胶质形成钙盐而被固定下来，是新细胞形成的必要条件；钙能促进根系生长和根毛形成，增加对养分和水分的吸收。

（1）钙素缺乏症状　土壤中钙的含量能影响其他营养元素的有效性。蔬菜缺钙一般从新生部位开始，顶芽、根尖、根毛生长停滞，生长点坏死；新叶变形，叶尖粘连，叶缘卷曲枯黄，叶片皱缩；植株矮小簇生，早衰倒伏，果实顶端凹陷坏死。

白菜缺钙时外观表现正常，剖开后可见中部部分叶片的边缘局部变干，呈灰黄色，俗称“干烧心”，又称心腐病。

当气候或土壤过于干旱时，容易引起甘蓝缺钙。甘蓝新生幼叶缺钙时叶片呈杯状，叶心停止生长，表现为球叶边缘干枯（叶烧边），产生坏死斑点进而腐烂，导致甘蓝品质下降，严重时结球初期未结球的叶片叶缘皱缩褐腐。

酸性土壤由于缺钙妨碍硼素的吸收，花椰菜会发生龟裂或出现小叶。一般表现在花球发育时期，新叶的前端和边缘黄化，畸形似“爪”，继而褐变枯死，花球发育受阻，质量下降。这种情况通常是氮、钾肥过多所引起的缺钙症状。

（2）钙素过剩症状　田间施钙肥过多会引起蔬菜植株的非正常生长和代谢，对蔬菜的产量和品质均无明显的影响。

（3）钙素失调防治措施　针对土壤酸碱性不同，应采取不同的方法施用钙肥。酸性土壤缺乏钙素，应施用石灰、碳酸钙等含钙肥料，此外，还可施用其他钙含量高的肥料如过磷酸钙与钙镁磷肥等；石灰性土壤含钙虽然多，但由于环境条件影响也会导致植物缺钙，这种土壤施用钙肥常常无效，可采用含钙质元素的液体肥料进行叶面喷施。另外，注意及时灌溉，以防土壤干燥而影响植物对钙素的吸收。

**2. 镁素营养**　镁是叶绿素的构成元素，位于叶绿素分子结构的卟啉环中间；镁又是许多酶的活化剂，可促进植物体内的新陈代谢。蔬菜作物大多叶色浓绿，需镁量较大。钾肥施用过量会影响植物对镁的吸收。

(1)镁素缺乏症状　蔬菜缺镁先从老叶显现症状。首先是叶绿素减少，叶片失绿呈黄红色，但叶脉仍保持绿色(叶脉间缺绿)。缺镁蔬菜果实附近的叶片易先出现症状，这是因为土壤供镁不足时，叶片内镁素先满足果实发育之需的缘故。蔬菜生产特别是温室蔬菜生产比较容易缺镁。

甘蓝缺镁时从下部叶片的叶脉间失绿，出现暗红褐色部分，叶片皱缩，随后蔓延至上面叶片也发生同样症状。植株生长发育受阻，严重时叶片变黄并脱落。

花椰菜缺镁症状首先出现在老叶上，叶片变黄，而叶脉仍保持绿色。

(2)镁素过剩症状　一般条件下田间不会出现镁素过多而造成蔬菜植株生长不良。但有时会发生根发育受阻，茎中木质部不发达，含有叶绿素的细胞较大且数量减少现象。

(3)镁素失调防治措施　镁肥的肥效取决于土壤、作物种类和施肥。镁肥主要施用在缺镁的土壤和需镁量较多的蔬菜作物上，并且要及时灌溉，保持土壤湿润，以减轻土壤盐分过高而影响对镁素的吸收。要避免需镁量大的蔬菜连作。在大量施用钾肥、钙肥、铵态氮肥的条件下，易造成作物缺镁，应增施硫酸镁或镁石灰。

**3. 硫素营养**　硫是蛋白质和许多酶的组成成分，与呼吸作用、脂肪代谢和氮代谢有关，而且对淀粉合成也有一定的影响。硫还存在于一些维生素、辅酶 A 等生理活性物质中。蔬菜缺硫会影响叶绿素的形成。

(1)硫素缺乏症状　硫在植物体内移动性较小,缺硫症状一般从嫩叶开始显现。缺硫蔬菜生长缓慢,植株矮小。叶绿素合成受阻,叶片褪绿黄化;茎细弱,分枝少;开花结果延迟,果实空壳率高。

小白菜缺硫的初始症状为植株出现淡绿色,幼叶颜色较浅,以后叶片逐渐出现紫红色斑块,叶缘向上卷曲。

甘蓝定植 20 天后,由于缺硫不仅生育期推迟,而且新叶会呈现紫红色。

(2)硫素过剩症状　田间施用硫肥过多会引起蔬菜植株的非正常生长和代谢,叶色暗红或暗黄,叶片有水渍区,严重时发展成白色的坏死斑点。

(3)硫素失调防治措施　雨水多的地区有机质不易积累而硫素流失较多,同时沙质土壤也容易发生缺硫现象。因此,需要向土壤中补充硫素。

## (三)微量元素

植物生长对微量元素的需求量比较少,7 种植物生长必需的微量元素中,植物对氯元素需要更少,雨水和土壤水中的氯含量足以满足植物生长的需要,一般不需要施肥补充。下面主要介绍其他 6 种微量元素。

**1. 铁素营养**　铁是叶绿素合成的条件元素,缺铁叶绿素不能合成。铁在光合作用中参与氧化还原和电子传递,缺铁光合作用效率降低。铁是细胞中许多氧化酶的组成成分,影响呼吸作用的效果。含铁蔬菜是人体铁的重要供应源。

(1)铁素缺乏症状　铁元素缺乏症首先从植物幼叶显现。缺铁植物植株矮小，顶芽新叶缺绿黄白化，叶脉绿色，严重缺铁时叶片上出现坏死斑点并逐渐枯死。茎、根生长受阻，根尖变粗，产生大量根毛。花椰菜、甘蓝等蔬菜对缺铁敏感。甘蓝缺铁时，幼叶叶脉间失绿而呈淡黄色甚至黄白色，但细小的网状叶脉仍保持绿色，严重缺铁时叶脉也会黄化。

(2)铁素过剩症状　在土壤淹水的条件下，铁含量增加，使蔬菜体内积累过多的铁而引起中毒，铁中毒常与缺锌相伴发生。铁过剩植株老叶上有褐色斑点，根部呈灰黑色，根系容易腐烂，发生赤枯病。

(3)铁素失调防治措施　土壤易缺铁，尤其是石灰性土壤比较明显，栽培蔬菜时土壤的水、气状况严重失调，温度不适，也会影响蔬菜对铁的吸收。将硫酸亚铁与有机肥混合均匀，一起撒施地面作基肥，可防止缺铁。蔬菜出现缺铁症状应及时叶面喷施硫酸亚铁溶液，效果较好。

**2. 铜素营养**　铜是植物体内多种氧化酶的组成成分，影响植物体内的氧化还原过程和呼吸作用。铜是叶绿体中许多酶的成分，影响植物的光合作用。铜是叶绿素合成的条件元素，对叶绿素有稳定和保护的功能。

(1)铜素缺乏症状　蔬菜缺铜，植株矮小，顶端黄化甚至枯萎，花瓣褪色甚至白色状。缺铜严重时叶、果褪色，植株顶梢枯死并下延。缺铜症状一般先从较幼嫩的组织显现症状，单子叶植物蔬菜对缺铜较敏感。

甘蓝和花椰菜缺铜虽然没有特殊的症状，但表现为植株整体发育差，几乎停止发育，其中花椰菜不产生花头。

（2）铜素过剩症状　铜中毒的症状是新叶失绿，老叶坏死，叶柄和叶的背面出现紫红色。从外部特征看，铜中毒很像缺铁。植物对铜的耐受能力有限，铜过量时很容易引起毒害。中毒症状主要在根部，表现为主根生长受阻，侧根变短。

（3）铜素失调防治措施　铜肥的施用方法有基施、追施、叶面喷施及种子处理等。基肥可施用硫酸铜，由于蔬菜对铜的需求量较少，后效又长，因此铜肥不宜连年作基肥施用，可3～5年施用1次。切忌施用过多，否则会对作物造成毒害。作根外追肥时，也要控制浓度，以免引起叶片中毒。

**3. 锌素营养**　锌是叶绿素合成的条件元素，缺锌叶绿素不能合成。锌是植物体内多种酶的组成成分，对体内物质的水解、氧化还原反应、蛋白质合成及光合作用等起重要的作用。锌还参与植物体内生长素的合成。

（1）锌素缺乏症状　缺锌植株矮小，节间缩短，叶小簇生（小叶病）。叶脉间失绿或白化，新叶呈灰绿色或出现黄白色斑点。蔬菜缺锌症状一般先从老叶出现。

白菜缺锌时，下部叶片出现类似缺氮症状的黄化并枯死。

（2）锌素过剩症状　蔬菜的耐锌能力较强，田间锌中毒的机会很少。在锌矿区附近，或过量施用含锌矿渣及农药，有时会引起植物中毒。其症状为叶片失绿，新叶发生黄化，进而产生赤褐色斑点，严重时完全枯死，同时会干扰植物对铁的吸收。

(3)锌素失调防治措施　土壤施用锌肥应在播种前撒施或条施，施后翻入土壤，比单纯施在土壤表面效果好。锌肥后效稳定，一般可以保持3年，种植需锌量少的蔬菜可以保持5年以上。在施用时要严格掌握锌肥的施用量，尤其是当季蔬菜切忌施用过量。

**4. 锰素营养**　锰是细胞内许多呼吸酶的活化剂，在呼吸作用中起重要作用。锰能促进植物体内硝酸的还原作用，有利于蛋白质的合成。锰的变化会影响铁的转化，调整植物体内有效铁的含量。锰以结合态直接参与光合作用中水的光解反应，促进光合作用。

(1)锰素缺乏症状　蔬菜缺锰首先从嫩叶显现症状。缺锰蔬菜植株矮小，嫩叶黄白，叶脉绿色，叶脉间缺绿。严重时叶片褪绿部分出现黄褐色或杂色斑点甚至坏死。幼叶的叶肉黄白色，叶脉保持绿色，叶上常有斑点。茎生长衰弱，黄绿色，木质化严重。开花减少，且发育不良。蔬菜缺锰易受冻害。

白菜缺锰易发生缘腐病，叶球内叶片边缘水渍状至褐色坏死，干燥时叶片像豆腐皮状，内部叶片边缘干枯。

(2)锰素过剩症状　当土壤酸性增强时，锰的溶解度增加，不少植物都可能发生锰中毒。其症状为根部变褐色，叶片出现褐斑，叶缘部位发生白化，变为紫色，幼嫩叶片呈卷

曲状。

白菜和甘蓝等十字花科蔬菜锰过剩多表现为叶缘黄化，叶片上轻则出现棕褐色小斑点，叶柄龟裂，严重时叶缘有坏死组织，并卷曲。

(3)锰素失调防治措施　在质地轻、有机质含量少、富含碳酸盐的石灰性土壤容易缺锰，针对植物对锰的吸收规律，可以采用叶面喷施的方法补充锰素。

含锰、锌类杀菌剂在使用次数多的情况下易产生锰中毒。预防锰中毒要注意在蔬菜生长期使用含锰杀菌剂不能超过3次；酸性土壤易使蔬菜发生锰中毒现象；土壤水分长期过多，有效锰含量增加，也会发生锰中毒。针对上述现象可以采取施用石灰（使土壤碱性增强）、合理灌溉、增施磷肥等措施，以抑制蔬菜对锰的过度吸收。

**5. 硼素营养**　硼能促进植物体内碳水化合物的输送，促进植物生殖器官的发育，抑制组织中酚类化合物的合成，保证植物分生组织细胞正常分化。

(1)硼素缺乏症状　蔬菜作物容易缺硼，缺硼症状首先显现于植株的幼嫩部分。缺硼植株顶端生长受到抑制，生长点萎缩；叶片皱缩扭曲、变脆、易折断；茎、叶和肉质根组织开裂、木栓化坏死；生殖器官生长发育不良，花而不实，果实畸形、木栓化或坏死。

大白菜缺硼时生长点萎缩、死亡，叶片皱缩、扭曲畸形，叶球组织开裂、短粗、硬脆。

小白菜缺硼时心叶卷曲，叶肉增厚，小部分叶片的叶缘和叶脉间出现紫红色斑块，而后逐渐变为黄褐色而枯萎。

甘蓝缺硼时，新叶停止生长，幼叶中部叶脉出现纵裂，使叶片变细长并向内侧卷曲，造成球叶的顶部发育不良、开裂并产生空隙。甘蓝缺硼与缺钙症状相似，但缺钙时叶脉间容易坏死。

花椰菜缺硼时，茎凹陷受损，根系短粗，花球发育不良，新叶的脉间呈淡绿色，常引起花茎中心开裂，花球出现锈褐色斑点并带有苦味，引起花而不实。

（2）*硼素过剩症状*　硼肥施用过量时，植物会出现硼中毒现象，症状主要集中在叶脉间或叶缘。先是叶脉间或叶缘褪绿，接着出现坏死斑点，最后全叶枯萎，过早脱落。

（3）*硼素失调防治措施*　缺硼易发生在有效硼含量低的土壤，有机质贫乏、土壤熟化程度低、土壤持续干旱可导致土壤有效硼含量降低。防治缺硼主要是施用硼砂，也可以选择在蔬菜生长前期（苗期）至花期叶面喷施硼砂溶液，或用硼砂溶液浸种。

硼素过量时，因硼中毒植物体呈现微酸性，可以叶面喷施240倍液的石灰水解毒。植株中毒田块也可以施用钙、镁、钾肥，以凝固和降低硼素的活性，进而解除中毒症状。

**6. 钼素营养**　钼是植物体内硝酸还原酶的组成成分，能促进植物体内硝态氮的还原。钼是固氮酶的成分，直接影响根瘤菌和生物固氮；钼能抑制磷酸脂和磷酸酶的水解，影响无机磷向有机磷的转化，参与植物光合作用和呼吸作用。

(1)钼素缺乏症状　一般情况下植物缺钼不多。蔬菜缺钼植株矮小,叶片出现黄色或橙黄色斑点,呈杯状或鞭尾状。杯状叶是叶缘向上卷曲形成的。鞭尾状叶是叶菜类蔬菜缺钼的主要症状,首先叶脉间出现水渍状斑点,继而破裂穿孔坏死,最后叶脉两侧有叶肉残片,形似鞭状或犬尾状。蔬菜缺钼老叶片先显现症状。由于蔬菜缺钼主要发生在酸性土壤,因此缺钼常常伴随锰中毒或铝中毒现象。

大白菜缺钼时叶片有浅黄色斑块,由叶脉逐渐扩展至全部叶片,叶缘为水渍状,叶片向内卷曲,严重缺钼时叶缘坏死脱落,只有主叶脉附近有残留叶肉。

小白菜缺钼时叶片凋萎或焦枯,通常呈螺旋状扭曲。老叶变厚,植株丛生。

甘蓝缺钼症状表现为叶片内向卷曲、畸形,幼叶边缘干枯,呈现"火烧"状态。

花椰菜对钼很敏感,在钼严重缺乏时,叶肉不能形成,叶片几乎没有叶肉,只有叶脉,类似一条鞭,因此称为"尾鞭病"。同时,花蕾不易肥大,花头松散且有黄斑,严重时矮化。

(2)钼素过剩症状　植物对钼的耐受力较强,钼过量虽然也会引起植物中毒,但症状不多见。大部分蔬菜钼中毒时叶片失绿,幼株呈现金黄色,花椰菜叶片则呈现深紫色。

(3)钼素失调防治措施　缺钼易发生在强酸性土壤,特别是游离铁、铝含量高的土壤。防治缺钼主要是施用钼酸铵肥,但施钼肥要严格控制用量,不能过多,否则会产生毒害作用，甚至引起人、畜钼中毒。由于蔬菜需钼量较少，且钼肥价格较高，生产上常采用种子处理的方法，而且效果良好。

### (四)蔬菜缺素症检索

综合各种蔬菜相关元素缺乏症状，依据二歧分类法则，制定蔬菜作物生长必需营养元素缺乏检索表如下：

1. 较老的组织先显病症，元素易再利用
  2. 整个植株生长受到抑制
    3. 枝叶瘦弱淡黄，老叶先枯死 ………… 缺氮(N)
    3. 枝叶暗绿带紫色 …………………… 缺磷(P)
  2. 局部显现病症，缺绿、斑点、条纹至坏死
    4. 叶尖叶缘先缺绿坏死，或整片叶失绿或斑点叶尖缘坏死
      5. 叶尖叶缘失绿坏死，有时叶片也失绿至斑点状坏死
        6. 叶不内卷，花器官可以形成 …… 缺钾(K)
        6. 叶内卷，花器官不能形成 …… 缺钼(Mo)
      5. 整片叶缺绿坏死或斑点状缺绿坏死 ………………………………… 缺锌(Zn)
    4. 叶脉间缺绿 ………………………… 缺镁(Mg)
1. 较幼嫩组织先显病症，元素难于再利用
  7. 生长点枯死
    8. 叶缺绿，皱缩、枯死；根系发育不良；果实少或不能形成 ……………………………… 缺钙(Ca)

8. 叶缺绿呈暗褐色,叶卷缩变形,溃烂;果实及种子变形不充实或不能形成 ………… 缺硼(B)

7. 生长点不枯死

9. 叶缺绿

10. 叶脉间缺绿以至坏死 ………… 缺锰(Mn)

10. 叶片不坏死

11. 叶淡绿至黄色,常有斑点状 … 缺硫(S)

11. 叶片黄白色 ………………… 缺铁(Fe)

9. 叶片暗绿色,叶尖变白,扭卷,易萎蔫脱落 ………………………………………… 缺铜(Cu)

## 三、菜园土壤养分特点与肥力要求

土壤之所以能生长植物,是因为土壤具有肥力,土壤肥力是土壤的本质特征。所谓土壤肥力是指土壤供给和协调植物生长发育所需要的水分、养分、空气、热量、扎根条件和无毒害物质的能力。其中水分、养分、空气、热量(简称水、肥、气、热)是土壤的四大肥力因素,它们之间相互作用,共同决定着土壤肥力的高低。

### (一)土壤性质与肥力特点

土壤的组成物质是土壤肥力的基础。任何一种土壤都是由固体、液体(土壤水分)、气体(土壤空气)三相物质组成的一个整体。由于土壤中三相物质的不同,土壤就表现出许多不同的性质,这些性质直接影响栽培作物的生长发育。

**1. 土壤组成与性质**　土壤是一个疏松多孔的混合体，在组成土壤的固体、液体和气体三相物质中，固体部分包括土壤矿物质、有机质和土壤微生物，一般占土壤总体积的50％；液体部分包括水分和溶解在水里的矿物质和有机质；气体是指土壤空气中的各种气体。液体和气体存在于固体颗粒间的孔隙中。土壤固体是土壤的主体，它不仅是植物扎根立足的场所，而且它的组成、性质、颗粒大小及其配合比率等，又是土壤性质产生和变化的基础，直接影响着土壤肥力的高低。

土壤矿物质是土壤颗粒的主要组成部分，它是岩石经过多年风化的产物。由于组成土壤的矿物质颗粒的大小、比例和性质的不同，就有了沙土、壤土和黏土的划分。壤土是对作物生长最有利的土壤。土壤有机质是土壤中最活跃的成分，对土壤水、肥、气、热影响很大，在一定程度上决定着土壤肥力的高低。土壤有机质主要来源于植物残体和根系，以及施入的各种有机肥料，包括有机酸、碳水化合物、脂肪、蛋白质、胡敏素、胡敏酸、富里酸等物质。土壤有机质必须在微生物作用下，进行矿质化和腐殖化才能发挥作用。土壤微生物是土壤肥力的核心，它直接地或间接地参与土壤中几乎所有物理的、化学的、生物学的反应，对土壤肥力起着非常重要的作用。土壤微生物主要有细菌、真菌、藻类和原生动物等。

土壤中土粒或土团之间存在孔隙，土壤孔隙是土壤水分、空气的通道，也是植物根系与微生物的活动空间。土壤

孔隙分无效孔隙(孔径小于0.002毫米)、毛管孔隙(孔径为0.2～0.002毫米)和通气孔隙(孔径大于0.2毫米)3种,毛管孔隙是植物生长最有利的孔隙。土壤具有一定的结构,依据土壤结构体的类型、数量、品质和排列情况可分为块状结构、核状结构、柱状结构、片状结构和团粒结构5种类型,团粒结构是植物生长最有利的结构。土壤在耕作时反映出来的特性称土壤耕性,土壤具有一定的吸收性和酸碱性。

**2. 土壤水分与土壤肥力**　在植物的生命过程中,植物不断地从周围环境中吸收水分,以满足其正常生命活动的需要;同时,又将体内的水分不断地散失到环境中去,维持植物体内的水分平衡。土壤中的水分是植物吸水的主要来源,土壤水分的形态、数量和能量决定着物质和能量的转化强度,进一步影响着植物吸水和土壤对植物的营养和水分供应,土壤的水分状况导致土壤的肥力差异。按水的一般物理状态及水分在土壤中所受作用力的不同,将土壤水分划分为吸湿水、膜状水、毛管水和重力水4种类型。

吸湿水是最靠近土粒表面的一层气态水膜,与土壤颗粒结合紧密,植物不能吸收利用,为无效水。吸湿水是土壤中其他类型水分存在的基础。

膜状水是吸附在吸湿水外侧的液态水膜,与土壤颗粒结合比较紧密,很难被植物吸收。如果土壤中只有膜状水和吸湿水,作物吸水不足就会出现萎蔫现象,此时的土壤含水量称为萎蔫系数。

毛管水是依靠毛管力保持在毛管孔隙里面的水分,毛管水植物可以吸收，同时毛管水依靠毛管力可以上、下、左、右移动。根据地下水与土壤毛管是否相连，可将毛管水分为毛管上升水与毛管悬着水。地下水沿毛管上升并被毛管保持在土壤中的水分叫毛管上升水，降雨或灌溉后借毛管力吸持在毛管孔隙里的水分叫毛管悬着水。毛管水是旱田栽培作物生长最有效的水分，土壤改良管理的目的之一就是增加土壤毛管孔隙的数量，为提高土壤中毛管水的比例提供条件。

毛管水达到饱和后，进入土壤的水分因重力的作用沿大孔隙向下流失，这部分水叫重力水。重力水向下运动时会带走土壤养分，所以对旱田作物来说重力水是多余的。而水田被犁底层或透水性差的土层阻滞的重力水则是水生作物生长的有效水。

对旱田作物来说，土壤温度、通气状况和水分状态都会影响作物对水分的吸收。土壤的水分不是纯水，其中溶解着不少的矿质盐类，是一个混合溶液。如果土壤溶液浓度过大，植物不但不能吸水，反而会发生植物体内水分向土壤中“倒流”的现象，而造成植株因体内水分缺乏而变黄，这就是生产上因施肥过量而引起“烧苗”的主要原因，所以施肥后一定要浇水。土壤不缺水，由于温度过低或土壤溶液浓度过高，造成根系吸水困难而引起的干旱称生理性干旱。

**3. 土壤空气与土壤肥力** 土壤空气来源于大气，但在组成上却与大气不同。土壤空气中氧的含量低于大气，这是由于根呼吸、耗氧微生物的繁殖和生理活动消耗了土壤

中的氧气所造成的。根呼吸和微生物的生命活动也产生大量二氧化碳，造成土壤中二氧化碳浓度高于大气。土壤中的水气较大气高，经常达到饱和状态，土壤中水分经常向大气中扩散，就形成了土壤水分的蒸发。通气不良的土壤还可产生还原性气体，对作物生长不利。

土壤空气对作物整个生长过程有着极密切的关系，一般种子萌发需要土壤空气中含氧气10%以上，通气良好的土壤，作物根系发达，根长色白，根毛丰实。土壤中空气含量与氧气的浓度对土壤有效养分的影响很大。土壤通气良好，微生物活动旺盛，有机质分解迅速，矿化强烈，有效养分增加，有利于作物的吸收作用。另外，根瘤菌和好气性固氮菌十分活跃，固氮能力增强。土壤通气不良时，硫酸被强烈还原，形成有毒的硫化氢，同时正磷酸盐被还原为亚磷酸和磷化氢，使土壤中磷素营养恶化。

土壤空气受大气影响，如大气温度上升和下降，风力增强和减弱，大气压升高和降低，以及降水和人为地灌溉、排水都会引起土壤空气与大气的交换。土壤空气与大气间进行扩散和整体交换，使得土壤中保持一定数量的氧气，植物根系和微生物周围保持适宜的空气组成，使土壤中的一切生物化学过程保持正常进行。土壤排出二氧化碳，吸收氧气，土壤空气不断交换，称土壤的呼吸过程。保持良好的土壤通气状况是保证植物正常营养和生长发育的最有效措施。

**4. 土壤养分与土壤肥力**　土壤是植物养分的主要来源

和获得养分的主要途径，并且常常是限制植物产量的主要因素。土壤养分是否能满足植物的生长需要，取决于土壤中各种养分含量、存在形态和影响养分转化的土壤环境条件，以及土壤保持有效养分的能力。

根据作物对各种营养元素吸收的难易程度，可将土壤养分划分为速效性养分和迟效性养分(亦称缓效性养分)2大类。速效性养分是不经过转化就能被作物根部直接吸收利用的养分，主要是一些水溶性的盐类等物质，这是某些化肥施用后短期内效果明显的根本原因。迟效性养分指的是一些复杂的有机化合物和难溶性的无机化合物，作物不能直接吸收利用，必须经过分解转化为速效性养分才能被作物吸收。土壤中速效性养分含量越大，各种迟效性养分转化为速效性养分的速度越快，各种速效性养分持续供应的时间越长，土壤肥力就越大。

氮是作物生长必需营养元素之一，作物体内氮的含量约占植株干重的1.5%，土壤中氮的含量一般只有0.1%～0.3%。土壤中氮素含量与土壤有机质含量成正相关，一般土壤的全氮量为有机质含量的1/20～1/10，土壤全氮量反映出土壤氮素潜在供应力。一般情况下，土壤氮素普遍缺乏。氮在土壤中主要以无机态、有机态和分子态存在。无机态氮有铵盐、硝酸盐和亚硝酸盐；有机态氮又分为水溶性(氨基酸)、水解性(蛋白质)和非水解性3类；分子态氮是存在于土壤空气中游离的分子氮，虽然植物不能直接吸收，但却是土壤固氮微生物的直接氮源。在一定条件下，各种形

态的氮素可以相互转化。

磷在土壤中的含量(以五氧化二磷计算)占土壤干重的0.03%～0.35%,而能被植物利用的速效磷含量则更少,大部分为迟效性磷。土壤中的含磷物质可分为有机态磷和无机态磷2大类。其中,有机态磷占全磷量的10%～50%,当有机质含量小于1%时,有机磷占全磷含量的10%以下;有机质为2%～3%时,有机磷占全磷的25%～50%。土壤中的无机态磷种类很多,但依其溶解难易和对作物的有效程度可分为有机态磷和无机态磷2类,无机态磷又划分为水溶性磷、弱酸溶性磷和难溶性磷3种。在一定条件下,各种形态的磷素可以相互转化,土壤中的磷只有在中性条件下有效性才最高。

土壤中钾的含量比氮、磷丰富得多,通常介于土壤干重的0.5%～2.5%之间(以氧化钾计算),特别是速效钾含量较高。土壤速效钾也称有效钾,其含量一般只占全钾量的1%～2%,是作物能够直接吸收利用的钾素营养,它包括土壤溶液中游离态钾和土壤胶体上的吸附态钾,二者可因土壤环境条件的改变而发生相互转化,但始终保持着动态平稳。据研究,胶体上吸附态钾构成了有效态钾的主体,占其总量的90%以上。土壤缓效钾也称非交换性钾,主要存在于黏土矿物的晶层间,有的矿物本身就含有钾,如水化云母和黑云母,也有的是后来固定的。缓效钾含量占土壤全钾量的2%～8%,一般不能直接吸收利用,但与水溶性钾和交换性钾保持一定的动态平稳。各种形态的钾素可以相互转化。

作物主要通过根系从土壤中获取离子态养分，一种元素的存在会影响作物对另一种元素的吸收，一种离子吸收过多会导致作物死亡（单盐毒害），作物对各种营养成分的吸收具有选择性。影响作物营养状况的是土壤中营养成分的速效性养分含量，这与土壤中各种养分的比例有关。掌握土壤的养分含量和作物对各种营养的需求，并合理地对土壤养分加以补充和调整，是提高土壤肥力的关键。

**5. 土壤温度与土壤肥力** 土壤中任何一种化学和生物化学过程以及作物生长发育活动都是在一定温度范围内进行的。在合适的温度范围内，随着温度增加，各种活动都在增强。高温（24℃以上）条件下土壤有益微生物活动旺盛，能促进有机质的分解作用。温度上升加强气体扩散，昼夜温差变化使气体热胀冷缩，可以加速土壤空气的更新。总之，热量的增加与减少，导致土壤温度的变化，从而影响有机质的积累与分解、土壤养分的转化以及作物的生长。只有充分了解土壤的热量状况，掌握土壤温度的变化规律，有效地控制和调节土壤的热状况，才能达到提高土壤肥力和作物高产优质的目的。

土壤的热能主要来源于太阳辐射，土壤微生物活动产生的生物热，土壤内各种生化反应产生的化学热和来自地球内部的地热，也能不同程度地增加土壤的热量。地理纬度、地形、坡向、大气透明度、地面覆盖、土壤颜色、土壤质地、土壤松紧与孔隙状况等均不同程度地影响土壤的热量

和温度的变化。

土壤表层白天受阳光照射加热，夜间又以长波辐射形式散热，引起土壤温度和大气温度强烈的昼夜变化。从表层12厘米的地温来看，早晨自日出开始地温逐渐升高，到下午2时左右达到最高，以后又逐渐下降，最低温度在天明之前5～6时（随季节变化）。表层地温日变化幅度较大，深层地温变幅较小，一般在土深30～40厘米处几乎无变化。白天表层地温高于底层，夜间底层地温高于表层。

地温和四季气温变化相似，通常全年表土最低温度出现在1～2月份，最高温度出现在7～8月份。2月份地温开始升高，9月中旬后地温开始下降。表层地温变化较大，随着土层深度的增加，地温的年变幅逐渐减少。

## （二）露地菜园土壤特性与肥力要求

菜园土壤是蔬菜生长的基础，蔬菜植株根系浅，生长速度和生长量大；产品品质柔嫩，含水量高；生育期短，复种指数高，对养分的需求量大。同时，蔬菜是硝态氮作物，对钾和钙的需求量比较大，对硼和钼的缺乏比较敏感。要满足蔬菜生产对养分的吸收和利用，菜园土壤与大田作物土壤相比，有其特殊性和优越性。

**1. 菜园土壤的肥力特征**　根据蔬菜作物生长对营养与土壤环境的要求，适合蔬菜作物生长的菜园土壤肥力特征可概括为“厚、疏、肥、温、润”5个字。厚是指要有较深厚的熟化土壤耕作层，疏是指菜园土壤结构疏松，肥是指土壤养分含量高及微生物活动旺盛，温是指菜园土壤温度变幅小且保温散热，润是指菜园土壤保水性能好不易开裂。结合蔬菜生产实际，菜园土壤肥力要求的具体指标如下：

(1)耕层深厚养分丰富　菜园土壤应是高度熟化的土壤，耕作层深厚，一般25～30厘米。有机质含量30克/千克以上，最高达到40～50克/千克。腐殖质含量3%以上，最高达到4%～5%。土壤团粒结构好，质地均匀，土壤组成固相∶气相∶液相为40%∶28%∶32%较合适。总孔隙度55%以上，地下水位大于2.5米。菜园土壤应含有较高的速效养分以满足蔬菜生长对养分的大量需求，一般应含有水解氮90毫克/千克以上，速效磷50毫克/千克以上，速效钾115毫克/千克以上，氧化钙1～1.4克/千克，氧化镁150～240毫克/千克，并含有一定量的硼、锰、锌、钼、铁、铜等微量元素，含盐量在0.4%以下，土壤酸碱性呈微酸性(pH值6.5左右)。

(2)质地疏松通气稳温保水保肥　土壤质地疏松，耕性良好，容重指标在1.1～1.3克/厘米$^3$较合适。土壤的疏松程度与土壤有机质含量有关，有机质含量少，土壤板结，则耕性不良，通气性差。通气性差会导致土壤含氧量降低，土壤含氧量低于10%，蔬菜会因为根呼吸障碍而生长不良。白菜类、甘蓝类蔬菜正常生长要求土壤含氧量必须达到20%～25%。质地疏松的土壤通气性良好，热传导能力强，土壤有一定的水分含量，土壤温度则不会在短期内大幅度变化，可保证蔬菜根部生长和养分的吸收，同时也有利于土壤微生物的活动和土壤养分的有效转化。蔬菜生长对水分

的需求量很大，质地疏松的土壤含有大量的毛管孔隙，保水保肥，也便于作物吸收利用，菜园土壤相对含水量应该达到60％～80％。

(3)生物活性强养分转化快　土壤生物主要指蚯蚓、真菌等生活于土壤中以土壤有机质作为生命基础的动物和微生物。有机质丰富、水温适宜、氧气充足的土壤适合土壤生物的活动，它们以土壤中的有机物为食物，通过分解土壤有机物吸取需要的养分，将大分子的有机物质分解为植物可吸收利用的小分子物质和离子，促进了土壤养分的有效性转化，这是土壤“生机”的有效体现。但某些微生物也会给作物带来病害，生产上应针对不同情况加以防治。

(4)土壤中有害物质少　蔬菜根系正常的生命活动会分泌一些如碳水化合物、氨基酸、维生素和钙、钾、磷、钠等对微生物生活有益的物质。同时，也分泌一些谷氨酸、丙氨酸、甘氨酸等对根系生长有抑制作用的物质，并影响到微生物的活性和土壤有机物的转化。土壤有机质含量高，微生物丰富且活动旺盛，有毒物质存在量就少。生产中要特别注意菜园水质的污染，因被污染的水分浇灌蔬菜以后，污染物进入蔬菜产品中，会危害消费者的健康；同时，残留于土壤中的污染物还会影响以后栽培蔬菜的质量。

不同蔬菜生长习性和对土壤的适应能力不同，生产中应注意根据土壤质地和蔬菜特性，选择种植适宜蔬菜的种类和品种。

**2. 菜园土壤培肥**　菜园土壤结构、质地、营养等肥力指标的形成需要一个长期复杂的过程，种植时间短，特别是新改种的菜园土壤，必须经过有目的的改良和培肥过程，才能逐渐符合蔬菜生长的要求。菜园土壤培肥主要通过栽培、施肥和管理等途径完成，一般采用边利用、边培肥的方法，培肥土壤与蔬菜增产同步进行。

(1)因地种菜　不同蔬菜的生长对肥、水要求不同，不同的土壤适合生长不同的蔬菜。新改造的菜田肥力条件差，开始应种植需肥量少的蔬菜，如豌豆、芥菜和小白菜等品种。随着种植时间的延长和土壤熟化程度的提高，水、肥、气、热状况改善后，开始种植大白菜、番茄、黄瓜等对土壤肥力要求较高的蔬菜品种。种植蔬菜的同时可间套作苕子、苜蓿等绿肥作物，以改善土壤的物理状态，提高土壤肥力。选择与土壤条件相适应的栽培品种，既有利于土壤改良与培肥，也可取得相当的经济利益。

(2)合理轮作　不同种类的作物根系生长状况、吸收能力及需求养分的种类和数量不同；相同种类的作物易受到相同病虫害的损伤，如豆科作物的根系和根瘤菌具有较强的固氮作用。同一地块有顺序地在季节间或年间轮换种植不同的作物，可以均衡利用和有效恢复土壤养分和水分，减轻病虫害，抑制杂草，改善土壤理化性状，充分发挥生物养地和培肥土壤的作用。这就是“茬口倒顺、胜似上粪”的说法。不同类的作物(白菜类、茄果类、豆类)应轮作种植，如豆科与非豆科、深根与浅根、密植与稀植、喜氮蔬菜与喜磷、钾蔬菜轮作。同时还要注意蔬菜的轮作期，如黄瓜、茄子间

隔 4～5 年，甘蓝、菜豆间隔 3 年，菠菜、韭菜间隔 1 年。蔬菜生产复种次数多，安排轮作时，除选用适当品种外，还要根据气候特点和品种特性，分别安排适宜的种植茬口。有条件的最好实施蔬菜、粮食、饲料轮作。

(3)客土改良　依据菜园土壤的性质不同，客土改田也是有效提高土壤肥力的途径之一。过于黏重的土壤要适当掺些沙土、垃圾土、河泥进行改良；保肥、保水性差的沙质土用黏土进行改良；已经酸化的菜园土施用石灰进行调节改良；碱土地可采用开沟淋碱和旱田改水田的方式进行改良。值得注意的是，垃圾土使用前一定要做好处理，去除垃圾中的金属、塑料和橡胶等废弃物，对垃圾中的有机物要与粪便混合发酵制作堆肥，以免这些物质对菜园土造成破坏结构和污染危害。

(4)深耕翻晒　影响菜园生产的普遍问题是耕作层较浅，不能满足植物根系生长的需要，深耕翻晒的目的是增厚菜园土壤的耕作层(熟土层)，加速土壤熟化，促使土壤疏松，通透性好，增强土壤蓄水保肥能力，扩大根系吸收范围，提高土壤有效肥力。简单的方法是每年深耕 2～3 次，一般在播种前 15～20 天开始耕翻，翻耕深度 15～20 厘米。对计划下季或下一年度安排作蔬菜田的耕地，前季作物收获后就开始翻晒，特别是在冬季和夏季深耕翻晒可使土壤疏松、杀死病菌、减少虫源，并可促进加深土壤耕作层和团粒结构的形成。特别强调的是耕作次数和深度要因地制宜，土层较浅易漏水漏肥的地块要深耕，肥力较高土质疏松的

土壤可以少耕。

(5)科学施肥　菜园土壤需增施大量腐熟的优质有机肥，这样既可提高土壤有机质含量和土壤熟化速度，又能使土壤形成团粒结构、疏松透气，从而增强土壤微生物的作用。微生物的存在又促使土壤有机质的分解转化，提高有机肥的利用率。有机肥可以利用人畜禽粪尿、堆肥、沤肥和秸秆还田，也可种植绿肥，沼气肥效果则更好。有机肥要充分腐熟。化肥是蔬菜营养的速效来源，有机肥与化肥合理配合施用才能真正达到加速土壤熟化和培肥的效果。施用化肥时，要注意氮、磷、钾及各种营养元素的合理有效搭配，避免某一种元素过多或过少对蔬菜生长和产品质量造成影响。

### (三)温室菜园土壤特性与肥力要求

温室栽培是在不适合作物生长的冬季、夏季，利用保温和降温设施设备为作物创造一个适合生长的小气候环境而进行的一种反季节栽培方式。温室内的温度(气温和地温)、水分、光照和人为活动都与露地环境有很大的不同，而这些不同会直接或间接影响温室土壤特性的变化和蔬菜对养分的吸收，生产中必须遵循温室土壤变化的特殊规律进行使用和管理。

**1. 温室菜园土壤肥力特征**　由于棚膜的长期覆盖，温室内的气温和地温均较高于露地，而且白天温度高夜间温度低，这些直接影响土壤的结构变化以及养分的性质和转化。温室环境的低温和光照不足也影响土壤微生物的活动

和肥料的分解。因此，温室土壤有其特殊的性质。

（1）有机质　与露地菜田相比，温室菜田土壤有机质含量明显提高，温室种植时间越长，有机质越丰富。有机质含量增多和每年温室生产施用大量的有机肥直接相关，温室周年生产导致土壤根系大量残留也是原因之一。土壤有机质氧化形成腐殖质，腐殖质与土壤中黏粒矿物质相互作用形成复合体，这种结合态的腐殖质的组成和特性对于土壤团粒结构的形成和协调土壤供肥能力起着重要的作用。

（2）氮元素　蔬菜生长吸收的氮素50％来自于土壤，硝态氮是蔬菜喜欢吸收的氮素形式。与露地菜田相比，温室菜田土壤的全氮量和硝态氮含量均比较高，并随温室种植时间的延长而增加。土壤中硝态氮含量高，易引起土壤盐渍化，污染地下水，更主要的是会造成蔬菜产品硝酸盐含量超标，给人体健康带来伤害。温室蔬菜生产应注意降低土壤中硝态氮含量。

（3）磷元素　由于目前温室蔬菜的集约化栽培，使对增产效果明显的磷肥大量施用，而且磷元素在土壤中容易被固定，导致温室土壤磷元素积累过多，全磷含量、水溶性磷含量和速效磷含量都明显高于露地菜园。土壤中的磷主要以无机磷的形式存在，增施有机肥可以提高作物对磷元素的吸收。

（4）钾元素　蔬菜是一类喜钾作物，对钾的需求量是氮的1～2倍。钾属于品质元素，土壤供钾不足不仅影响蔬菜生长，而且降低蔬菜产品的质量。与露地菜田相比，温室土

壤的全钾含量无太大变化，只是在有机质含量较高且生产时间较长的土壤中有降低的现象。温室土壤的速效钾和缓效钾含量均较高，这对蔬菜生长是有利的。土壤中钾素的变化与有机肥相关联，施肥时应注意氮、磷、钾肥和有机肥料的合理搭配。

(5)盐渍化　在棚膜的覆盖下雨水不能进入温室内土壤，土壤蒸发和蔬菜吸水主要靠人工灌水和地下水分上升，水分的自下而上运动将土壤中的盐分带至土表造成盐渍化。与露地菜田相比，温室菜田土壤的盐分含量明显增加，并且随着种植时间的延长呈上升趋势，严重影响蔬菜的生长。土壤中的盐分主要来自于施用的化肥，生产中要注意化肥种类的选择和与有机肥的配合。蔬菜生产者在倒茬期间用清水泡棚或在雨季揭去塑料薄膜接收雨水淋洗是降低温室土壤盐渍化的有效措施。

(6)微生物　与露地菜田相比，温室土壤中微生物的种类和数量明显增多，而且以细菌占绝对优势，真菌最少。土壤有机质是微生物的食粮，土壤微生物的存在与活动，增强了土壤中有机物质的分解与转化过程，提高了土壤呼吸的强度，产生的二氧化碳又可以补充温室空气二氧化碳的不足，对促进蔬菜光合作用有利。但土壤中氧气的不足又会抑制蔬菜根系的呼吸，从而影响根系的生长和吸收，阻抑蔬菜生长。

**2. 设施环境与蔬菜营养吸收**　作物生长与环境有着密切的关系，作物主要通过根系从土壤中吸收生长所需要的

营养，温室土壤的温度、通气状况、酸碱性和水分状况均影响蔬菜对养分的吸收。

(1)土壤温度　温度直接影响养分在土壤中的扩散速度、蔬菜根系对养分的吸收能力和养分在体内的运输能力。根系吸收养分要求适宜的土壤温度为15℃～25℃，在0℃～30℃范围内，随着温度的升高，根系吸收养分的速度加快，吸收的数量也增加。低温时由于根部呼吸强度降低，代谢弱，供给能量少而影响营养的吸收。高温时则由于根系的木栓化同样影响根部代谢，使其吸收养分的绝对数量减少。直接影响蔬菜吸收养分的是地温。

(2)通气状况　土壤通气性的好坏，直接影响根系的呼吸作用。根系对养分的主动吸收是以呼吸作用为其代谢基础的，通气性好，作物有氧呼吸旺盛，释放的能量多，吸收的养分也多；通气性不好，则作物有氧呼吸受抑制，释放的能量少，吸收的养分也少。

(3)土壤酸碱性　碱性条件下，土壤溶液渗透压高，影响根的吸收能力。酸性条件下，土壤中有效养分含量减少，会引起氢、铝中毒。绝大多数作物，只有在中性和微酸性条件下，才有利于养分的吸收和生长。土壤的酸碱反应，也影响植物吸收养分的形态，在酸性介质中，作物吸收阴离子的数量多于阳离子，而在碱性介质中，吸收阳离子多于阴离子。

(4)土壤水分　水分是化肥的溶剂和有机肥矿化的必要条件，养分的扩散、根系对养分的吸收，都必须通过水分才能完成。土壤水分状况决定着蔬菜对养分的吸收数量和吸收能力，一般要求土壤相对含水量不能低于60%。土壤水分缺乏，使得土壤渗透压过高，造成植物根系吸水困难而引起生理性干旱，这就是施肥后未浇水或浇水不足导致"烧苗"的根本原因。水分过多，一方面使土壤溶液浓度过稀，另一方面造成土壤淹水、氧气供应不足，不利于根系活动和养分的吸收。温室生产要根据蔬菜生长状况和施肥情况调节供水量，以充分发挥施肥的增产效果。

(5)元素间作用　植物对营养元素的吸收还受到养分之间相互作用的影响，营养之间的相互关系可分为拮抗作用和协助作用两种类型。一种养分的存在抑制蔬菜对另一种养分吸收的作用称拮抗作用，如多施磷肥诱发缺锌，施钙可以防止硼的毒害，钾多影响蔬菜对镁的吸收等。一种养分的存在促进蔬菜对另一种养分吸收的作用称协助作用，如施钾有助于减轻磷与锌的拮抗现象等。这说明不同作物对营养元素的需求量是有一定比例关系的，如果破坏这种比例关系，就会影响作物的正常生长发育，影响产量和品质。

**3. 施肥与设施环境调控**　科学施肥不仅可以为蔬菜生长提供必要的营养元素，改善土壤结构和水、肥、气、热状况。腐熟有机肥和化肥的合理搭配使用，还能够增加土壤有机质的含量，使土壤微生物加速分解有机质而放热，提高土壤温度。有机质分解产生的腐殖质与土粒的有效结合，促使土壤形成团粒结构，有利于土壤疏松通气、保水、保肥。

有机质分解产生的二氧化碳散失到空中，可以弥补温室空气中二氧化碳的不足，保证光合作用正常进行。土壤疏松形成更多的毛管孔隙，地下水沿毛管上升又能提高土壤墒情，保证作物对水分的需求。化肥施入土壤被作物有选择性地吸收之后，会在一定程度上改变土壤的酸碱性质，化肥也因此被分为生理酸性肥、生理碱性肥和生理中性肥 3 种类型，生产上应根据具体情况选择施用。化肥施用过多会造成土壤板结，生产上合理的施肥方法是以有机肥为主，化肥为辅。

**4. 温室土壤障碍及克服措施**　在温室的小气候环境中进行蔬菜集约化栽培，人为活动量的增加、一些不合理的栽培方式及土肥水管理措施，使温室菜园土壤的组成、结构和性质都发生很大的变化，有些变化对蔬菜生长与产品的质量不利，即为温室土壤障碍。

(1)养分障碍　由于蔬菜产品每年从土壤中携带走的各种养分的数量不同，以氮磷钾三要素来说，氮最多，磷次之，钾最少。磷在土壤中易被土壤矿物固定，而氮和钾的流动性很大，因此损失也比磷大。因而导致长期种菜的土壤出现磷高度集中，水解氮中度积累，速效钾供应不足的现象，氮、磷、钾比例严重失调。蔬菜是需要钙、镁、硼等元素较多的作物，由于只注重大量元素特别是氮、磷、钾肥的施用，微量元素缺乏而引起的生理病害经常发生。生产上应注意平衡施肥，既要保证氮、磷、钾元素间的平衡，还要维持大量元素与中、微量元素之间的平衡。

(2)盐分障碍　温室土壤盐渍化是温室生产的普遍现象，主要原因是化肥施用过量，多余的养分和副成分溶解于土壤溶液中而使盐分提高。同时，由于温室水分向土表的单方向运动又使盐积累于土壤表面。由于高盐本身的毒害作用，加之土壤含盐量增大会造成生理性干旱，均影响蔬菜作物的生长。控制土壤盐渍化的有效措施是控制施用化肥，多施充分腐熟的优质有机肥，利用有机肥中大量的大分子有机物的络合作用减轻盐害，达到用肥减盐、以粪吃盐。也可以在蔬菜换茬的间隔期间用清水泡地，让土壤中的盐溶解在水中，再通过水沟排走。

(3)酸化障碍　蔬菜作物最适宜的生长环境是中性和微酸性土壤，如果土壤酸性过强(pH 值小于 5.5)则会对蔬菜生长产生不利影响。土壤酸性的引起是氮肥和酸性及生理酸性肥料长期施用的结果，温室生产时间越长，酸化现象越严重。处理温室土壤酸化问题，首先应控制氮肥和酸性及生理酸性肥料的施用，以高度腐熟的优质有机肥来代替。已经严重酸化的土壤可以根据酸化的程度用石灰进行中和处理。方法是将石灰均匀撒于土壤表面，再与土壤充分混合，最终调整土壤 pH 值在 6.5 左右。

(4)连作障碍　温室土壤长期种植一种作物，由于作物对养分的特殊要求造成土壤某些养分极度缺乏而引起生理病害。同时，由于根系活动范围不变而造成土壤结构和理化性质变化，相应的病虫害特别是土传病害越来越严重。防治连作障碍的措施就是合理轮作倒茬，其中若有一茬是

豆科作物，更有利于土壤结构和地力的恢复。

## 四、蔬菜生产常用肥料与新型肥料

肥料是施入土壤或通过其他途径能够为作物提供营养成分，或改良土壤理化性质，为作物提供良好生活环境的物质。肥料是作物的粮食，是增产的物质基础。目前生产中常用的肥料可分为化学肥料和有机肥料两大类，二者各有其特点，只有合理配合施用，才能达到高产高效的目的。

### （一）有机肥料

有机肥料含有丰富的有机质和各种养分，是养分最全的天然复合肥。有机肥可以直接为作物提供养分，也可以活化土壤中的潜在养分，提高土壤有效养分的含量。有机肥料中含有多种有益微生物，能增强土壤微生物活性，促进土壤中的物质转化。施用有机肥料，能够提高土壤的保水保肥能力，促进土壤团粒的形成，从而改善土壤的理化性质。目前，生产上常用的有机肥有粪尿肥、堆沤肥、秸秆肥、沼气肥和生物菌肥等。

**1. 人粪尿**　人粪尿指人粪和人尿两部分。人粪是食物经消化后未被吸收而排出体外的残渣，由70%以上的水和20%左右的有机物质组成。人尿含有水分、水溶性有机物和无机盐。人粪尿为高氮速效性有机肥料，由于其腐殖质积累少，故对改土培肥无太大意义。

由于人粪尿是一种半流体肥料，在贮存过程中有氨的生成且含有病菌和虫卵。因此，人粪尿贮存应注意减少氨的挥发，防止粪尿渗漏，减少病菌虫卵的传播，以提高肥料质量。北方地区气候干燥，年蒸发量大，多采用拌土制成土粪或堆制成堆肥；南方地区高温多雨，多采用粪尿混存的方法制成水粪。有人为贮运方便，常将粪尿与少量泥土或炉灰混合制成粪干，这种方法既传播疾病、污染环境，又损失氮素（最多达 40.1%），应加以避免。人粪尿不能与草木灰掺和，以防氨的挥发。厕所要与猪圈分开，以免传染人猪共患的疾病。

人粪尿对一般作物有良好的效果，特别是叶菜类、纤维类作物和桑茶的施用效果更显著。人粪尿含有氯离子（$Cl^-$），会降低忌氯作物的品质，因此忌氯作物不宜施用。除低洼地和盐碱地外，人粪尿适于各种土壤，在沙土上应分次施用。人粪尿是含氮较多的速效性有机肥料，磷、钾含量少，应根据土壤条件和作物营养特点配施磷、钾肥。人粪尿有机质含量低，还需要配施其他有机肥料，尤其在轻质土壤、缺乏有机质的土壤及长期大量施用人粪尿的菜园更应重视与其他有机肥配合施用。

人粪尿必须经过腐熟才能施用。可用作基肥、追肥和种肥，一般作追肥，制成堆肥后多作基肥施用。作追肥时一般需对水 3～5 倍，土干时可对水 10 倍，以免浓度大烧苗。水田采用泼施，旱田采用条施或穴施，施后覆土。作种肥时宜用鲜尿浸种，浸种时间以 2～3 小时为宜。

**2. 家畜粪尿和厩肥**　家畜粪尿包括猪、马、牛、羊的粪

尿，厩肥是家畜粪尿和各种垫圈材料混合积制的肥料。家畜粪是饲料经消化后，没有被吸收而排出体外的固体废物，成分非常复杂，主要有纤维素、半纤维素、木质素、蛋白质及其分解产物脂肪、有机酸、酶和各种无机盐类。家畜尿是饲料经消化吸收后，参与体内代谢，以液体排出体外的部分，其成分比较简单，全是水溶性物质，主要有尿素、尿酸、马尿酸以及钾、钠、钙、镁等无机盐类。

不同家畜粪尿的性质有较大的差异。猪粪质地较细，腐熟后形成大量腐殖质，阳离子交换量大，积制过程中发热量少，温度低，为温性或冷性肥料；马粪质地粗，分解快，发热量大，属热性肥料，多作温床或堆肥时的发热材料；羊粪质地细密且干燥，积制过程中发热量低于马粪高于牛粪，属热性肥料；牛粪质地细密，但含水量高，有机质分解慢，发酵温度低，是典型的冷性肥料。

厩肥的成分随家畜种类、饲料优劣、垫圈材料和用量以及其他条件的不同而异。新鲜厩肥中的养分以有机态为主，一般不宜直接施用。厩肥中含有作物所需的全部养分，还含胡敏酸、维生素、生长素、抗生素等有机活性物质。氮素的当季利用率一般为20%～30%、磷素为30%～40%、钾素为60%～70%。

家畜粪尿和厩肥是我国农村普遍积制和施用的一种有机肥料，若粪尿分存，尿可作追肥，粪可作基肥，马粪和羊粪一般在早春作苗床的发热材料。肥料的腐熟程度是影响家畜粪尿和厩肥的主要因素，没有腐熟好的粪肥不能用作追肥和种肥，对生育期较长的作物可作基肥施用。完全腐熟的粪肥基本上是速效性的，既可作基肥，也可作种肥和追肥。就土壤条件而言，家畜粪尿与厩肥应先施用在肥力较低的土壤；质地黏重的土壤用腐熟的厩肥且不宜耕翻过深；沙质土通透性好，肥力低，可施腐熟稍差的厩肥，耕翻应深一些。为了充分发挥厩肥和畜粪的增产效果，应提倡厩肥或畜粪与化肥配合或混合施用，二者取长补短，互相促进，是合理施肥的一项重要措施。另外，厩肥在施用后应立即耕埋，有灌溉条件的结合浇水，其效果更好。

**3. 堆肥** 堆肥是利用秸秆、落叶、山青野草、水草、绿肥、垃圾等为主要原料，再混合不同数量的粪尿和泥炭、塘泥等堆制而成的肥料。因此，堆肥实质是秸秆还田的一种方式。

堆肥的材料大致可分为3类：一是不易分解的物质，为堆肥原料的主体，它们大多是碳氮比（C/N）＝100～600：1的物质，如稻草、落叶、杂草等。二是促进分解的物质，一般为含氮较多的物质，如人粪尿、家畜粪尿、化学氮肥以及能中和酸度的物质（如石灰、草木灰等）。三是吸收性能强的物质，如泥炭、泥土等，用以吸收肥分。

在这些堆肥材料中虽有一定量的养分，但大都不能直接被作物吸收利用，同时体积庞大，有时还会有杂草种子、病菌、虫卵等。通过堆制，既能释放出有效养分，又能利用腐熟过程中产生的高温杀死杂草种子、病菌和虫卵，还缩小了体积。在堆制前，材料要加以处理（为了加速腐熟），粗大

的(如玉米秸等)应切碎至10～15厘米长,含水多的应晒一下,老熟的野草可进行假堆积或先用水浸泡,使之初步吸水软化。堆肥的主要原料是植物秸秆,根据秸秆的种类不同,将堆肥分为玉米秸堆肥、麦秸堆肥、稻草堆肥和野生植物堆肥等种类。

堆肥的施用与厩肥相似,一般适作基肥。在沙质土壤、高温多雨季节和地区以及生长期长的作物如玉米、水稻、果树等,可用半腐熟的堆肥;反之,质地黏重、低温干燥季节和地区以及生长期短的作物如蔬菜,宜施用腐熟的堆肥。腐熟的优质堆肥也可作追肥和种肥,但半腐熟的堆肥不能与根或种子直接接触。堆肥施用后应立即耕翻并配合施用速效氮、磷肥。堆肥施用量各地差异较大,一般每667米$^2$ 500～1 000千克。

**4. 沤肥**　沤肥是利用秸秆、落叶、山青野草、水草、绿肥、垃圾等为主要原料,再混合不同数量的粪尿和泥炭、塘泥等,在常温、淹水条件下沤制而成的肥料。因此,沤肥实质也是秸秆还田的一种方式,是我国南方地区广泛施用的一种有机肥。

沤肥与堆肥相比,在沤制过程中,有机质和氮素的损失较少,腐殖质积累较多,肥料的质量比较高。沤肥要浸水淹泡,其材料以秸秆、杂草为主,再加入适量的人、畜粪尿或污水,若在配料中加入一定量的石灰或草木灰,能加速腐解,提高肥效。沤肥沤制过程中要经常翻捣,使物料上下受热一致,微生物活动旺盛,以加速分解。

沤肥一般作基肥，多数用在稻田，亦可用于旱田。施用量一般每667米$^2$ 4 000千克左右，随施随耕翻，防止养分损失。沤肥的肥效一般与牛粪、猪粪相近，为了提高肥效，施用时应配合速效氮、磷肥。

**5. 沼气肥** 沼气是指各种有机物质经发酵后产生的一种无色无味的气体，主要成分是甲烷、二氧化碳、一氧化碳和硫化氢。有机物质经沼气发酵产气后剩余的残渣、残液可作肥料施用，称为沼气肥。

沼气残液含多种水溶性养分，氮素以铵态氮为主，是一种速效肥料。一般用作追肥，每667米$^2$用量1 500～2 500千克，深施10厘米左右，若施在作物根部需对清水稀释。发酵液还可用作根外追肥，方法是将残液用麻布过滤，滤液稀释2～4倍，每平方米喷施50千克。

发酵残渣含有丰富的有机质，速效氮约占全氮的19.2%～52%，是一种缓、速兼备且又具有改良土壤功能的优质肥料，一般用作基肥，每667米$^2$用量2 500千克。

**6. 绿肥** 凡利用植物绿色体作肥料的均称为绿肥，专作绿肥栽培的作物称为绿肥作物。我国是利用绿肥最早的国家，绿肥资源十分丰富，据全国绿肥试验网调查，我国共有绿肥资源10科24属60多种，1 000多个品种。生产上应用较多的有田菁、沙打旺、苜蓿、草木犀、紫穗槐、苕子、紫云英、豇豆、绿豆、细绿萍、水葫芦等。绿肥利用有3种方式：一是直接翻压还田，二是收割后作堆沤肥的材料，三是作饲料过腹还田。各地可根据具体情况，因地制宜地选择绿肥

品种和利用方式。

**7. 生物菌肥**　菌肥是微生物肥料的俗称，是一种带活菌体的辅助性肥料。菌肥本身并不能直接为作物提供养分，而是以微生物生命活动的产物来改善植物的营养条件，发挥土壤潜在肥力，刺激植物生长发育，抵抗病菌危害，从而提高农作物的产量和品质。与有机肥、化肥互为补充。目前，我国生产和应用的菌肥主要有根瘤菌、固氮菌、磷细菌、钾细菌、抗生菌肥料等。菌肥是通过有益微生物的生命活动，拮抗有害微生物，促进土壤中养分的转化，提高土壤养分有效性，改善作物营养条件，增加土壤肥力。

菌肥的施用方法有菌液叶面喷施、种子喷施和拌种，固体菌剂与种子拌和作为菌肥等。由于菌肥本身不能直接为作物提供养分，也不能增加土壤中养分的数量，只是将土壤原无效或缓效养分有效化，所以作物施用菌肥后多吸收的养分实质上是土壤养分。从某种程度上说，菌肥加剧了土壤养分的消耗。因此，在施用菌肥时，应注意与化肥和有机肥配合施用，这样既可为作物提供养分，又可补充土壤养分的消耗。

### （二）化学肥料

化学肥料是指用化学方法制造或开采矿石，经过加工制成的肥料，也称无机肥料，简称化肥。包括氮肥、磷肥、钾肥、微肥、复合肥等。化肥的特点是：成分单纯，养分含量高；肥效快，肥劲猛；某些肥料有酸碱反应；一般不含有机质，无改土培肥的作用。化学肥料种类较多，性质和施用方法差异较大。

**1. 氮肥**　氮肥可分为铵态氮肥、硝态氮肥和酰胺态氮肥三大类。铵态氮肥包括氨水、碳酸氢铵、硫酸铵、氯化铵等,硝态氮肥包括硝酸铵、硝酸钠、硝酸钙等,酰胺态氮肥包括尿素、石灰氮等。铵态氮肥在土壤中易分解出氨气挥发掉,硝态氮易随水淋失并发生反硝化作用脱氮。因此,氮肥合理施用关键在于减少氮肥损失,提高氮肥利用率,充分发挥肥料的最大增产效益。生产中应根据土壤条件、作物的氮素营养特点和肥料本身的特性施用。

(1)依据土壤条件选择氮肥种类　土壤条件是进行肥料区划和分配的必要前提,也是确定氮肥品种与施用技术的依据。氮肥重点施用在中、低等肥力的地块,碱性土壤可选用酸性或生理酸性肥料,如硫酸铵、氯化铵等;酸性土壤应选用碱性或生理碱性肥料,如硝酸钠、硝酸钙等。盐碱土不宜施用氯化铵,尿素适宜于一切土壤。铵态氮肥宜施用在水稻田,并深施在还原层;硝态氮肥宜施在旱地,不宜在雨量偏多的地区或水稻区施用。土壤疏松通气性好、养分含量少、作物前期生长快但后劲不足的"早发田"如沙壤土,要掌握前轻后重、少量多次的原则,以防作物后期脱肥;土壤致密通气性较差、养分充足、作物前期生长缓慢但后劲较大的"晚发田"如黏土,既要注意前期提早发苗,又要防止后期氮肥过多,造成植株贪青倒伏。质地黏重的土壤氮肥可一次多施,沙质土壤宜少量多次。

(2)依据作物氮素营养特点选择氮肥种类　作物氮素

营养特点是决定氮肥合理施用的内在因素。首先要考虑作物的种类，将氮肥重点施用在经济作物和粮食作物上。其次要考虑不同作物对氮素形态的要求，水稻宜施用铵态氮肥，尤以氯化铵和氨水效果较好；马铃薯最好施用硫酸铵；大麻喜硝态氮；甜菜以硝酸钠最好；番茄幼苗期喜铵态氮，结果期则以硝态氮为好；一般禾谷类作物硝态氮和铵态氮均可施用；叶菜类多喜硝态氮。作物不同生育期施用氮肥的效果也不一样，在保证苗期营养的基础上，一般玉米要重施穗肥，早稻则要蘖肥重、穗肥稳、粒肥补。

(3)*依据肥料本身特性选择氮肥种类*　肥料本身的特性与合理施用密切相关，铵态氮肥表施易挥发，宜作基肥深施覆土。硝态氮肥移动性强，不宜作基肥，更不宜施在水田。碳酸氢铵、氨水、尿素、硝酸铵一般不宜用作种肥。氯化铵不宜施在盐碱土和低洼地，也不宜施在棉花、烟草、甘蔗、马铃薯、葡萄、甜菜等忌氯作物上。干旱地区宜施用硝态氮肥，多雨地区或多雨季节宜施用铵态氮肥。

(4)*氮肥应注意深施*　氮肥深施不仅能减少氮素的挥发、淋失和反硝化损失，还可以减少杂草和稻田藻类对氮素的消耗，从而提高氮肥的利用率。生产中切忌氮肥表面撒施。

(5)*氮肥应与有机肥及磷、钾肥配合施用*　作物高产稳产，需要多种养分的均衡供应，单施氮肥，特别是在缺磷少钾的地块，很难获得满意的效果。氮肥与其他肥料特别是磷、钾肥的有效配合，对提高氮肥利用率和增产作用均很显著。氮肥与有机肥配合施用，可以取长补短，缓急相济，互相促进，既能及时满足作物营养关键时期对氮素的需要，又具有改土培肥的作用，做到用地养地相结合。

**2. 磷肥** 根据溶解度的大小和作物吸收的难易，通常将磷肥划分为水溶性磷肥、弱酸溶性磷肥和难溶性磷肥三大类。凡能溶于水（指其中含磷成分）的磷肥，称为水溶性磷肥，如过磷酸钙、重过磷酸钙；凡能溶于 2%柠檬酸或中性柠檬酸铵或微碱性柠檬酸铵的磷肥，称为弱酸溶性磷肥或枸溶性磷肥，如钙镁磷肥、钢渣磷肥、偏磷酸钙等；既不溶于水，也不溶于弱酸而只能溶于强酸的磷肥，称为难溶性磷肥，如磷矿粉、骨粉等。

磷肥是所有化学肥料中利用率最低的，当季作物一般只能利用 10%～25%。这是因为磷在土壤中易被固定，而且移动性很小，而作物根系与土壤接触的面积一般仅占耕层面积的 4%～10%。因此，尽量减少磷的固定，防止磷的退化，增加磷与根系的接触面积，提高磷肥利用率，是合理施用磷肥，充分发挥单位磷肥最大效益的关键。

（1）根据土壤条件合理施用磷肥　土壤供磷水平、土壤氮和有机质含量、土壤熟化程度以及土壤酸碱性等因素与磷肥的合理施用关系密切。

①土壤供磷水平　土壤全磷含量与磷肥肥效相关性不大，而速效磷含量与磷肥肥效有很好的相关性。一般认为土壤中速效磷在 10～20 毫克/千克时为中等含量，施磷肥增产；速效磷＞20 毫克/千克，施磷肥无效；速效磷＜10 毫

克/千克时，施磷肥增产显著。菜园土壤磷的临界范围较高，速效磷达57毫克/千克时，施磷肥仍有效。

②土壤氮含量 磷肥肥效与土壤氮含量密切相关，在供磷水平较低、氮含量多的土壤，施用磷肥增产显著；在供磷水平较高、氮含量少的土壤，施用磷肥效果较小；在氮、磷供应水平都很高的土壤，施用磷肥增产不稳定；在氮、磷供应水平均低的土壤，只有提高施氮水平，才有利于发挥磷肥的肥效。

③土壤有机质含量 一般来说，在有机质含量＞2.5％的土壤施用磷肥增产不显著，在有机质含量＜2.5％的土壤施用磷肥有显著的增产效果。这是因为土壤有机质含量与有效磷含量呈正相关。因此，磷肥最好施在有机质含量低的土壤。

④土壤酸碱性 土壤酸碱性对不同品种磷肥的作用不同，通常弱酸溶性磷肥和难溶性磷肥应施用在酸性土壤，水溶性磷肥则应施用在中性及石灰性土壤。

⑤土壤熟化程度 在瘠薄的瘦田、旱田、冷浸田、新垦地和新平整的土地，以及有机肥不足、酸性土壤或施氮肥量较高的土壤通常缺磷，施磷肥效果显著，经济效益高。

(2)根据作物需磷特性和轮作制度合理施用磷肥 作物种类不同，对磷的吸收能力和吸收数量也不同。同一土壤，对磷反应敏感的喜磷作物，如豆科作物、甘蔗、甜菜、油菜、萝卜、番茄、马铃薯、瓜类和果树等，应优先施用磷肥。其中豆科作物、油菜、荞麦和果树，吸磷能力强，可施一些难

溶性磷肥。而薯类虽对磷反应敏感,但吸收能力差,以施水溶性磷肥为好。某些对磷反应较差的作物如冬小麦等,由于冬季地温低,供磷能力差,分蘖阶段又需磷较多,所以需要施磷肥。

在有轮作制度的地区,施用磷肥时,还应考虑轮作的特点。在水旱轮作中应掌握"旱重水轻"的原则,即在同一轮作周期中把磷肥重点施于旱作作物上;在旱地轮作中,磷肥应优先施于需磷多、吸磷能力强的豆科作物上;轮作中作物对磷具有相似的营养特性时,磷肥应重点施用在越冬作物上。

(3)根据肥料性质合理施用磷肥　水溶性磷肥适于大多数作物和土壤,但以中性和石灰性土壤更为适宜。一般可作基肥、追肥和种肥集中施用。弱酸溶性磷肥和难溶性磷肥最好施用在酸性土壤,作基肥施用,施在吸磷能力强的喜磷作物上效果更好。同时,弱酸溶性磷肥和难溶性磷肥的粉碎细度与肥效也密切相关,磷矿粉细度越高效果越明显。

(4)磷肥施用以种肥、基肥为主,根外追肥为辅　从作物不同生育期来看,磷素营养临界期一般都在早期,如果施足种肥,就可以满足这一时期对磷的需求;否则,磷素营养在磷素营养临界期供应不足。在作物生长旺期,对磷的需要量很大,但此时根系发达,吸磷能力强,一般可利用基肥中的磷。因此,在条件允许时,磷肥 1/3 作种肥,2/3 作基肥,是最适宜的磷肥分配方案。如果磷肥不充足,则应先作

种肥，这样既可在苗期利用，又可在生长旺期利用。在生长后期，作物主要通过体内磷的再分配和再利用来满足后期各器官的需要。因此，多数作物只要在前期能充分满足磷素营养的需要，在后期对磷的反应就差一些。但有些作物在开花期、果实膨大期等生长阶段均需较多的磷，可以通过根外追肥的方式来满足需要。

(5)磷肥集中深施　针对磷肥在土壤中移动性小且易被固定的特点，在施用时，必须减少其与土壤的接触面积，增加与作物根群的接触机会，以提高磷肥的利用率。磷肥集中施用，是一种最经济有效的施用方法，因集中施用在作物根群附近，既减少了磷与土壤的接触面积从而减少被固定，同时还提高了施肥点与根系土壤之间磷的浓度梯度，有利于磷的扩散，便于根系吸收。

(6)氮、磷肥配合施用　氮、磷肥配合施用，能显著地提高作物产量和磷肥的利用率。在一般不缺钾的情况下，作物对氮和磷的需求有一定的比例。我国大多数土壤都缺氮素，所以单施磷肥，不会获得较高的肥效，只有当氮、磷营养保持一定的平衡关系时，作物才能高产。

(7)与有机肥料配合施用　有机肥料中的粗腐殖质能保护水溶性磷，减少其与铁、铝、钙的接触从而减少被固定；有机肥料在分解过程中产生多种有机酸，如柠檬酸、苹果酸、草酸、酒石酸等。这些有机酸与铁、铝、钙形成络合物，避免了铁、铝、钙对磷的固定。同时，这些有机酸也有利于弱酸溶性磷肥和难溶性磷肥的溶解；有机酸还可结合土壤

中原有的磷酸铁、磷酸铝、磷酸钙中的铁、铝、钙，提高土壤中有效磷的含量。

(8)磷肥的后效　磷肥的当年利用率为10%～25%，大部分的磷残留在土壤中，因此其后效很长。据研究，磷肥的年累加表现利用率连续5～10年可达50%左右。所以在磷肥不足时，连续施用几年以后，间隔2～3年再施用，即可满足作物对磷肥的需求。

**3. 钾肥**　生产上常用的钾肥有硫酸钾、氯化钾和草木灰等。草木灰是植物残体燃烧后剩余的灰，含有植物体内的各种灰分元素，其中钾、钙较多，磷次之，所以通常将草木灰看作钾肥。由于草木灰中含有碳酸钾，所以水溶液呈碱性，是一种碱性肥料。硫酸钾和氯化钾施入土壤后，能交换出钙离子而造成土壤板结，生产中应配合施用有机肥。钾肥肥效的高低取决于土壤性质、作物种类、肥料配合、气候条件等。

(1)土壤条件决定钾肥肥效　土壤速效钾水平是决定钾肥肥效的一个重要因素，速效钾含量小于90毫克/千克时，施钾肥效果显著；速效钾含量在91～150毫克/千克时，施钾肥效果不稳定；速效钾含量大于150毫克/千克时，施钾肥无效。土壤机械组成越细，含钾量越高，所以沙质土壤施用钾肥的效果比黏土高。保持良好的土壤通气性能促进植物根系的呼吸作用过程，从而提高植物根系对钾的吸收能力。

(2)不同作物钾需求量不同　各类作物对钾的需求量

不同，含碳水化合物较多的作物如马铃薯、甘薯、甘蔗、甜菜、西瓜、果树、烟草等需钾量大，对这些喜钾作物多施钾肥，既可提高产量，又可改善品质。对豆科作物和油料作物施用钾肥，也具有明显而稳定的增产效果。

（3）不同钾肥施用不同　硫酸钾用作基肥、追肥、种肥和根外追肥均可，适用于各种土壤和作物，特别是施用在喜钾而忌氯的作物和十字花科等喜硫的作物效果更佳。氯化钾不能用作种肥，不宜在忌氯作物和排水不良的低洼地和盐碱地施用。草木灰适合于作基肥、追肥和盖种肥，基肥可沟施或穴施，深度约 10 厘米，施后覆土；追肥时可用草木灰浸出液叶面喷施，既能供给养分，又能在一定程度上减轻或防止病虫害的发生和危害；由于草木灰颜色深且含一定的碳素，吸热增温快，质地疏松，因此最适宜用作蔬菜育苗时盖种肥，既供给养分，又有利于提高地温，防止烂秧。草木灰是一种碱性肥料，不能与铵态氮肥、腐熟的有机肥料混合施用，也不能倒在猪圈、厕所中贮存，以免造成氨的挥发损失。草木灰施在各种土壤对多种作物均有良好的效果。

（4）钾肥与氮、磷肥配合施用　作物对氮、磷、钾的需要有一定的比例，因而钾肥肥效与氮、磷供应水平有关。当土壤中氮、磷含量较低时，单施钾肥效果往往不明显，随着氮、磷用量的增加，施用钾肥才能获得增产，而氮、磷、钾的交互效应（作用）也能使氮、磷促进作物对钾的吸收，提高钾肥的利用率。

（5）钾肥应集中深施　钾在土壤中易于被黏土矿物所

固定，钾肥深施可减少因表层土壤干湿交替频繁所引起的这种晶格固定，提高钾肥的利用率。钾在土壤中移动性小，钾肥集中施用可减少钾与土壤的接触面积而减少固定，提高钾的扩散速率，有利于作物对钾的吸收。

(6)钾肥应早施　通常钾肥作基肥、种肥的比例较大，若将钾肥用作追肥，应以早施为宜。这是因为多数作物的钾素营养临界期在作物生育的早期，作物吸收钾也是在早中期多，后期显著减少，甚至在成熟期部分钾素从根部溢出。沙质土壤，钾肥不宜一次施用量过大，应分次施用，即应遵循少量多次的原则，以防钾的淋失。黏土则可作基肥一次施用或每次的施用量大些。

**4. 微肥**　微肥即微量元素肥料，是指含有硼、锰、钼、锌、铜、铁等微量元素的化学肥料。近年来，由于化肥施用的日益增多和有机肥用量的减少，土壤微量元素缺乏日趋严重，许多作物都出现了微量元素缺乏症状。全国各地的农业部门相继将微肥的施用纳入了议事日程。

(1)硼肥　目前，生产上常用的硼肥有硼砂、硼酸、含硼过磷酸钙、硼镁肥等，其中最常用的是硼酸和硼砂。目前，表现缺硼明显的作物有油菜、甜菜、棉花、白菜、甘蓝、萝卜、芹菜、大棚黄瓜、大豆、苹果、梨、桃等。

土壤水溶性硼含量与硼肥肥效关系密切，土壤水溶性硼含量低于 0.3 毫克/千克时为严重缺硼，低于 0.5 毫克/千克时为缺硼，在缺硼土壤施硼肥有显著的增产效果。

硼肥可用作基肥、追肥和种肥。作基肥时可与磷、氮肥

配合施用，也可单独施用，一般每 667 米$^2$ 施用 0.25～0.5 千克硼酸或硼砂，施用要均匀，以防浓度过高使作物中毒。追肥通常采用根外追肥的方法，喷施 0.1%～0.2%硼砂或硼酸溶液，每 667 米$^2$ 用量为 50～75 千克，在作物苗期和由营养生长转入生殖生长时期各喷 1 次。种肥常采用浸种和拌种的方法，浸种用 0.01%～0.1%硼酸或硼砂溶液，浸泡 6～12 小时，阴干后播种。拌种时每千克种子用硼砂或硼酸 0.2～0.5 克。

（2）锌肥　目前生产上常用的锌肥有硫酸锌、氯化锌、碳酸锌、螯合态锌和氧化锌等。对锌敏感的作物有玉米、水稻、甜菜、亚麻、棉花、苹果和梨。

土壤有效锌含量小于 0.5 毫克/千克时，施用锌肥有显著的增产效果。土壤有效锌含量在 0.5～1 毫克/千克时，石灰性土壤和高产田施用锌肥仍有增产效果，并能改善作物的品质。

锌肥可用作基肥、追肥和种肥，通常将难溶性锌肥作基肥。作基肥时每 667 米$^2$ 施硫酸锌 1～2 千克，可与生理酸性肥料混合施用。轻度缺锌地块隔 1～2 年施用 1 次，中度缺锌地块隔年或于翌年减量施用 1 次；作追肥时常采用根外追肥，一般作物喷施 0.02%～0.1%硫酸锌溶液；种肥常采用浸种或拌种的方法，浸种用 0.02%～0.1%硫酸锌溶液，浸种 12 小时，阴干后播种。拌种每 500 克种子用硫酸锌 1～3 克。

有效磷含量高的土壤，往往会诱发性缺锌，这是因为磷妨碍了作物对锌的吸收。因此，施用磷肥时必须注意锌肥的营养供应情况，防止因磷多出现诱发性缺锌。

(3)锰肥　生产上常用的锰肥有硫酸锰、氯化锰等，对锰敏感的作物有豆科作物和小麦、马铃薯、洋葱、菠菜、苹果、桃、草莓等。

活性锰含量是诊断土壤供锰能力的主要指标，土壤中活性锰含量小于 50 毫克/千克为极低水平，50～100 毫克/千克为低水平，100～200 毫克/千克为中等水平，200～300 毫克/千克为丰富水平，大于 300 毫克/千克为很丰富水平。在缺锰土壤施用锰肥，作物有很好的增产效果。

生产上最常用的锰肥是硫酸锰，一般用作根外追肥、浸种、拌种及土壤种肥。难溶性锰肥一般用作基肥。根外追肥一般喷施 0.05%～0.1%硫酸锰溶液，种肥一般每 667 米$^2$ 用硫酸锰 2～4 千克。

(4)铁肥　生产上常用的铁肥有硫酸亚铁和螯合态铁，对铁敏感的作物有大豆、高粱、甜菜、菠菜、番茄、苹果等。生产上硫酸亚铁多作根外追肥(叶面喷施)方法施用，喷施浓度为 0.2%～0.5%，严重缺铁时每 7～14 天喷施 1 次，连喷施数次，喷施时加几滴中性洗涤剂作润湿剂效果更好。

(5)钼肥　生产上常用的钼肥有钼酸铵、钼酸钠、三氧化钼、钼渣和含钼玻璃肥等。缺钼多的是豆科作物，其中苜蓿最突出，此外油菜、花椰菜、玉米、高粱、谷子、棉花、甜菜对钼肥也有良好的反应。

钼肥多用作拌种、浸种或根外追肥。拌种时，每千克种

子用钼酸铵2～6克，先用热水溶解，再用冷水稀释成2%～3%的溶液，用喷雾器喷在种子上，边喷边拌，拌好后将种子阴干，即可播种。浸种时，可用0.05%～0.1%钼酸铵溶液浸泡种子12小时。叶面喷肥一般用于叶面积较大的作物，在苗期和蕾期用0.01%～0.1%钼酸铵溶液，各喷1～2次，每667米$^2$每次喷肥液50千克左右。

(6)铜肥　生产上常见铜肥有硫酸铜、炼铜矿渣、螯合态铜和氧化铜等。需铜较多的作物有小麦、洋葱、菠菜、苜蓿、向日葵、胡萝卜、大麦、燕麦等，需铜中等的有甜菜、亚麻、黄瓜、萝卜、番茄等，需铜较少的有豆类、牧草、油菜等。

铜肥可用作基肥、追肥及种子处理等。作基肥每667米$^2$用硫酸铜1～1.5千克，由于铜肥的有效期长，为防止铜的毒害作用，以每3～5年施用1次为宜。追肥通常以根外追肥为主，喷施0.02%～0.04%硫酸铜溶液。硫酸铜拌种用量为每千克种子用0.3～0.6克，浸种用0.01%～0.05%硫酸铜溶液。

(7)施用微肥的注意事项

①施用量与浓度　作物对微量元素的需要量很少，而且从适量到过量的范围很窄，因此生产中要防止微肥用量过大。土壤施用微肥时必须施用均匀，浓度适宜，否则会引起作物中毒，污染土壤与环境，甚至进入食物链，有害人、畜健康。

②土壤环境条件　作物微量元素缺乏，往往不是因为土壤中微量元素含量低，而是由于有效性低所致。可通过

调节土壤条件，如土壤酸碱性、氧化还原性、土壤质地、有机质含量、土壤含水量等，改善土壤微量元素的活性。

③与大量元素肥料配合施用　微量元素和氮、磷、钾等营养元素，具有同等重要不可代替的作用，只有在满足了植物对大量元素需要的前提下，施用微量元素肥料才能充分发挥肥效，才能表现出明显的增产效果。

**5. 复合肥**　在一种化学肥料中，同时含有氮、磷、钾等主要营养元素中的 2 种或 2 种以上成分的肥料，称为复合肥料。含 2 种主要营养元素的叫二元复合肥料，含 3 种主要营养元素的叫三元复合肥料，含 3 种以上营养元素的叫多元复合肥料。

复合肥料习惯上用 N—$P_2O_5$—$K_2O$ 相应的百分含量来表示其成分。例如，某种复合肥料中含 N 10％、$P_2O_5$ 20％、$K_2O$ 10％，则该复合肥料表示为 10—20—10。有的在 $K_2O$ 含量数后还标有 S，如 12—24—12(S)，即表示其中含有的钾为 $K_2SO_4$。

复合肥料的优点是有效成分高，养分种类多，副成分少，对土壤的不良影响小，生产成本低，物理性状好。复合肥料的缺点是养分比例固定，很难适于各种土壤和各种作物的不同需要，常要用单质肥料补充调节。

### (三)肥料种类对蔬菜品质的影响

蔬菜健壮生长是以所需营养的全面供应和养分之间的合理配比为基础的。有机肥不仅能够满足蔬菜生长的养分需求，还能改善土壤环境，为蔬菜生长创造良好的条件，所

以增施有机肥是提高蔬菜品质的有效途径。化肥成分单一，过多施用会造成土壤养分的不足和比例失调，从而导致蔬菜产品质量和产量下降。下面介绍几种主要化肥对蔬菜品质的影响。

**1. 氮肥对蔬菜品质的影响**　氮是促进植物生长的元素，氮肥不足，植株矮小，叶片变黄，叶球松散；氮肥过量，蔬菜茎叶贪青徒长，嫩而易折，腐烂不耐贮藏。

(1)氮肥对蔬菜营养品质的影响　可溶性糖、氨基酸和维生素C是蔬菜中重要的营养物质。试验表明，合理施用氮肥可提高蔬菜产品中可溶性糖和氨基酸的含量，但氮肥用量过高反而使二者含量下降；伴随氮肥用量的增加，蔬菜中维生素C的含量明显下降。对白菜甘蓝类蔬菜而言，综合评价各种氮肥对营养指标提高的结果，尿素对提高蔬菜的营养品质最有利，氯化铵变化不大，施用硝酸铵和硝酸钠则会降低蔬菜产品的品质。

(2)氮肥对蔬菜安全品质的影响　氮肥对蔬菜安全品质的最大影响是增加蔬菜中硝酸盐的积累。蔬菜主要以铵态氮和硝态氮两种形态吸收氮素营养，硝态氮进入植物体后要经过一个复杂的生化过程转变为铵态氮后才能被植物利用合成氨基酸和蛋白质，但总有一些硝态氮积累在细胞当中。蔬菜中的硝酸盐被人体吸收后，在人体内容易转化为亚硝酸盐，亚硝酸盐是一种有毒物质，会严重影响人类的健康。不同氮肥在蔬菜体内积累硝酸盐的结果不同，顺序是：硝酸钠＞硝酸铵＞尿素＞氯化铵，生产上应控制硝酸钠和硝酸铵的施用。

**2. 磷肥对蔬菜品质的影响**　磷是植物体内磷脂、磷蛋白和核蛋白的组成成分，磷肥对蔬菜品质的影响主要发生在蔬菜生长早期和施肥后不久。磷肥合理施用可以提高蔬菜的产量，同时也会促进蔬菜对硝态氮的吸收、运转和转化，但不同蔬菜其综合效果不同。施磷肥可促进植株对硝态氮的吸收，导致蔬菜体内硝酸盐积累增加，同时又可促进植株生长和硝态氮的转化而使蔬菜体内硝酸盐的浓度和总量减少，降低硝酸盐的积累，其关键在于硝态氮的吸收与转化两者的比例。对小白菜（油菜）来说，施用磷肥能使植株对硝态氮的吸收大于转化，蔬菜体内硝酸盐总量增加，当硝酸盐的增加量超过植株生长带来的稀释效应时，就会造成植株体内硝酸盐的积累。如果植株对硝态氮的转化大于吸收，吸收的增加量低于植株生长带来的稀释效应，则会降低植株体内硝酸盐的积累，这是施用磷肥对蔬菜综合作用的效果。

**3. 钾肥对蔬菜品质的影响**　钾能促进植物体内糖、淀粉等碳水化合物的合成与积累，是能提高蔬菜产品品质的元素。试验证明，合理施用钾肥能有效增加蔬菜体内维生素 C、还原性糖和淀粉类物质的含量，同时还能降低蔬菜体内硝酸盐的含量、提高蔬菜的耐贮性，尤其对白菜、甘蓝等叶菜类蔬菜效果更加显著。但不同的钾肥对蔬菜品质的影响有所不同，硫酸钾对增加蔬菜维生素 C、还原性糖和淀粉类物质的含量及提高蔬菜耐贮性能，效果较好；氯化钾对降

低蔬菜体内硝酸盐的含量，效果最佳。

**4. 微肥对蔬菜品质的影响**　蔬菜生产中，微量元素起促进植株生长和提高产品质量的双重作用，但不同的微量元素所起作用的效果不同。适量施用锌、铜、锰肥能调节蔬菜生长速度，促使蔬菜同时成熟，便于集中采收，还可提高蔬菜可溶性糖和维生素 C 的含量。锌、铜、锰肥还能提高蔬菜中微量元素的含量，增加人体对微量元素的摄取。叶面喷施硫酸锌、硫酸锰和钼酸钠肥，可有效降低蔬菜硝酸盐的含量，其中钼酸钠效果最好。

# 第二章 蔬菜科学施肥方法与原则

施肥可以提高作物的产量和品质并培肥地力，但如果施肥不合理，也会造成农产品品质降低和地力下降，更为严重的是对作物生长环境特别是农村生态环境造成恶劣影响。合理施肥要综合考虑有机肥和化肥的配合、各种营养元素之间的比例、肥料品种的选择、经济的施肥量、适宜的施肥时期和方法等因素，实行配方施肥。

## 一、蔬菜科学施肥方法

施肥是一项技术性很强的综合性农业技术，科学施肥必须综合考虑作物、肥料、土壤和栽培环境等相关因素。

### (一)科学施肥的基本原理

为了避免施肥的盲目性和随意性，必须弄清农业生产为什么要施肥、应该施什么肥、施多少肥最经济。

**1. 养分归还学说** 1840 年，德国化学家、现代农业化学的奠基人李比希认为，植物生长以不同的方式从土壤中吸收矿质养分和氮素，作物收获必然要从土壤中带走这些养分和氮素，使土壤肥力越来越低。为了保持土壤肥沃，就必须把作物收获物所带走的矿质养分和氮素，以肥料的形式归还给土壤，才不致使土壤贫瘠。这就是李比希创立的

养分归还学说的主要内容。李比希的养分归还学说，作为施肥的基本原理是正确的，但他主张作物从土壤中取走的东西一定要全部归还，实际上这样做既不经济，也不必要。

生产中应该根据栽培作物的营养特点和土壤的供肥能力变化决定施肥种类和数量，以能满足作物生长需要、达到生产目标为宗旨。实践证明，农作物产量的55%～80%来自于土壤，作为高产且又集约化生产的蔬菜作物每年从土壤中带走的养分是相当可观的，而且不同蔬菜对不同养分的吸收量不同。

**2. 最小养分律**　李比希根据自己创立的矿质营养学说，成功地制造了一些化学肥料以后，为了保证最有效地利用这些肥料，他在实验的基础上，又进一步提出了最小养分律：植物为了生长必须要吸收各种养分，但是决定作物产量的却是土壤中那个相对含量最小的有效植物生长因子，产量在一定限度内随着这个因素的增减而相对变化，无视这个限制因素的存在，即使继续增加其他营养成分也难以再提高作物的产量。应用最小养分律指导施肥时应注意的是：最小养分律中所说的最小养分，并不是土壤中绝对数量最少的那种养分，而是指相对于作物的需要来说最少的那种养分。最小养分也不是固定不变的，当一种最小养分得到补充和改善以后，另一种原来不是最小养分的营养元素可能会成为限制作物产量的新的最小养分，继续增加最小养分以外的其他养分，难以提高产量，降低了施肥的经济效益。

人们已经认识到氮对蔬菜生产的重要性，但往往忽视钾肥和微肥。单一或重点施肥造成土壤中各种养分存在不平衡。科学施肥要正确测定土壤中各种有效养分的含量，依据栽培蔬菜的营养特点确定最迫切需要的养分种类和数量(最小养分)。综合考虑土壤特点、肥料特性和蔬菜营养需求，科学选择肥料种类和用量，既可保证土壤养分平衡供应，又可保证蔬菜生长和产品质量，并能降低生产成本。

**3. 报酬递减律**　18世纪后期，法国古典经济学家杜尔格在对大量科学实验进行归纳总结的基础上提出了报酬递减律：从一定的土壤所获得的报酬随着向该土地投入的劳动力和资本数量的增加而有所增加，但随着投入的单位劳力和资本的增加，报酬的增加量却在逐渐减少。

报酬递减律是以科学技术不变和其他资源投入保持在某个水平为前提的，如果技术进步了，并由此改变了其他资源的投入水平，形成了新的协调关系，肥料报酬必然会提高。在一定的时间内，农业科学技术水平总是相对稳定的。与之相对应，包括其他肥料投入在内的多种资源投入总要保持在一个相对不变的协调水平上。在这种情况下，就不能期望随着一种肥料投入量的增加，作物产量也无限制地增加，而应依据当时的技术水平和其他资源的投入情况，确定能够获得最佳经济效益的某种肥料投入水平，实现肥料的最佳产投效果。

## (二)科学施肥的方式

施肥的目的是营养作物、培肥地力，生产上应根据作物

的营养特点、土壤的供肥能力、肥料性质和气候特点等，因地制宜地采用不同的施肥方式，以获得肥料的最大效应。施肥一般可分为基肥、追肥和种肥。

**1. 基肥**　基肥是在作物播种或移栽前施入土壤的肥料，俗称为底肥。基肥的用量较大，通常以有机肥为主，化肥为辅。化肥中大部分的磷肥和钾肥作基肥，部分氮肥作基肥。基肥具有培肥和改良土壤以及为植物整个生育期提供养分的作用，基肥施用应遵循肥土、肥苗和土肥相融的原则。基肥施用方法有以下几种。

(1)撒施　撒施是在耕地前将肥料均匀地撒于地表，结合耕地将肥料翻于土中，这是最简单和最常用的一种方法。

(2)条施　结合整地做垄，在行间开沟，将肥料施于沟内，覆土后播种的施肥方法，一般适用于单行距作物或单株种植的作物。条施比撒施肥料集中，有利于提高肥效。

(3)穴施　在预定种植作物的位置开穴施肥或将肥料施于种植穴内，是一种比条施肥料更集中的施肥方法，适用于单株种植的作物。

(4)分层施肥　通常在有粗、细肥搭配或施用磷肥时采用此法。将有机肥和部分磷肥翻入下层土壤，少量细肥和部分磷肥在耕地或耙地时混在上层土壤，以利于作物生长早期利用上层的肥料，中后期利用下层的肥料。这种方法一次施肥量较大，施肥次数少，肥效长，对于地膜覆盖栽培的作物尤其适用。

**2. 种肥**　种肥是播种或定植时施在种子或秧苗附近的

肥料，其作用是为种子萌发或幼苗生长提供良好的营养和环境条件。化肥、有机肥、微生物肥均可用作种肥，但有机肥必须腐熟，浓度过大、过酸或过碱、吸湿性强及含有毒副成分的化肥均不宜作种肥。种肥的施用方法有以下 4 种。

(1)拌种　用少量化肥或微生物肥与种子拌匀后一起播入土壤，肥料用量视种子和肥料种类而定。

(2)蘸秧根　将化肥或微生物肥配成一定浓度的溶液或悬浊液浸蘸根系，然后定植。

(3)盖种肥　播种后将肥料盖于种子之上。草木灰适合于作盖种肥用。

(4)条施和穴施　在行间或播种穴中施肥，方法同基肥的条施和穴施。

**3. 追肥**　追肥是在作物生长发育期间施用的肥料，其作用是及时补充作物在生育过程中，尤其是作物营养临界期和最大效率期所需的养分，以促进生长，提高产量和品质。追肥时期视作物种类而不同，追肥的施用方法有以下几种。

(1)撒施　将肥料撒施于地表，结合中耕翻入土壤。

(2)条施　适用于中耕作物，在作物行间开沟，将肥料施于沟内，施后覆土。

(3)结合浇水施肥　将肥料溶于灌溉水中，使肥料随水渗入耕层，这种方法水、肥利用率较高，在开沟条施或穴施困难的情况下这种方法更加适合。在有喷灌或滴灌的地块最好结合灌溉进行喷、滴灌施肥，具有省肥、渗透快、肥效高等优点。

(4)根外追肥　也称叶面施肥。将肥料配成一定浓度的溶液,喷在作物的叶面,通过叶面直接供给作物养分。这种施肥方法最适合于微量元素肥料的施用或在作物出现缺素症时施肥。对于大量元素肥料,根外追肥只能作为辅助性手段,在作物发育的中后期应用效果较好。根外追肥的关键是浓度,肥料种类不同、作物不同或同一作物的不同生育时期,根外追肥的浓度均不同,生产上应根据实际情况,选用合适的肥料和适当的喷施浓度。

## 二、蔬菜施肥原则

肥料是蔬菜生长的基础和保障,合理施肥可以提高蔬菜产量、改善蔬菜产品质量、保护生态环境、改变土壤状况、增强土壤肥力。

### (一)无公害蔬菜施肥原则

无公害蔬菜是指农药残留、重金属、硝酸盐以及各种有害物质含量在国家规定标准范围之内,不足以对人体造成危害,安全、优质、营养价值高,未经加工或轻加工的蔬菜。无公害蔬菜的生产环境、生产过程、蔬菜品质以及所施用的肥料种类和数量均有严格的要求。

**1. 无公害蔬菜施肥原则**　影响蔬菜产品质量的主要是有害金属、硝酸盐和亚硝酸盐、农药残留等因素,无公害蔬菜生产施肥原则有以下几点。

(1)合理施肥　以有机肥为主、化肥为辅；以多元复合肥为主、单质肥料为辅；以基肥为主、追肥为辅；控制使用化肥，合理使用氮肥，每 667 米$^2$ 纯氮施用量不能超过 25 千克，保证有机氮和无机氮的比例为 2∶1。化肥必须与有机肥配合施用，控氮、稳磷、增钾，少用叶面肥，采收前 15 天禁止施用化肥。

(2)平衡施肥　依据土壤的养分提供水平、肥料特点和栽培蔬菜品种对肥料的要求，正确选择施用肥料的种类、用量和施用方法，维持土壤养分平衡。忌氯蔬菜禁止使用含氯化肥，叶菜类和根菜类蔬菜不宜施用硝态氮肥。

(3)诊断追肥　依据蔬菜的营养特点和对土壤以及植株生长的营养诊断结果进行施肥，及时满足蔬菜生长对养分的需求。一次性收获的蔬菜(特别是叶菜类)收获前 20 天不追施氮肥，对于连续结果分批收获的蔬菜追肥次数不能超过 5 次。

**2. 无公害蔬菜施用肥料种类**　不同肥料中硝酸盐的含量不同，肥料中硝酸盐的含量直接影响蔬菜中硝酸盐的含量。无公害蔬菜生产允许使用的肥料有有机肥(人粪尿、厩肥、堆肥、沤肥、秸秆肥、沼气肥、绿肥、饼肥)、生物菌肥、无机矿物肥(不含氯与硝态氮、磷、钾的化肥)、微肥和有机无机复合肥料等，禁止使用硝态氮肥。蔬菜收获期禁用粪水追肥，大棚蔬菜禁用氯肥。肥料选择施用时要特别注意：有机肥施用前一定要充分腐熟，施肥后浇足清水；化肥要深施和早施，减少氮素挥发，以提高肥效；蔬菜中硝酸盐的积累

受生长环境的影响，高温强光积累少，低温弱光积累多，因此要根据栽培蔬菜的种类、栽培季节和气候状况合理施肥。

### (二)绿色蔬菜施肥原则

绿色蔬菜是指遵循可持续发展的原则，在产地生态环境良好的前提下，按照特定的质量标准体系生产，并经专门机构认定，允许使用绿色食品标志的无污染的安全、优质、营养类蔬菜的总称。

**1. 绿色蔬菜生产施肥原则**　绿色蔬菜标准分AA级和A级两种，AA级绿色蔬菜生产过程中不允许使用任何化学合成的农药和肥料；A级绿色蔬菜生产过程中允许限量使用限定的化学合成农药和肥料。绿色蔬菜生产施用肥料的原则是：以有机肥为主，其他肥料（主要是化肥）为辅；以基肥为主，追肥为辅并控制使用范围；以多元素复合肥料为主，单元素肥料为辅。

**2. 绿色蔬菜生产施用肥料种类**　绿色蔬菜要夺取高产也是离不开化肥的，但要限制化肥的施用量和施用时间。可选择绿色食品生产肥料使用标准规定的允许使用的肥料种类，并采取科学施肥方法。绿色蔬菜生产允许使用的肥料种类如下：

(1)有机肥　生产绿色蔬菜的首选肥料是有机肥。有机肥含有丰富的有机质和各种养分，在直接为作物提供养分的同时还可以活化土壤中的潜在养分。有机肥中的微生物能促进土壤中的物质转化，促进土壤中团粒结构的形成，提高土壤的保水保肥能力，预防和减轻农药与重金属对土

壤的污染。绿色蔬菜生产可选择的有机肥有堆肥、厩肥、沼气肥、饼肥、绿肥、泥肥、作物秸秆、焦泥灰肥等。

(2)化肥　生产绿色蔬菜限制施用化肥,但必须科学施用。绿色蔬菜生产可选择的化肥有尿素、磷酸二铵、硫酸钾、钙镁磷肥、过磷酸钙等。

(3)生物菌肥　施用生物菌肥能减少蔬菜中硝酸盐的含量,改善蔬菜品质,改良土壤性能。绿色蔬菜生产应选择的生物菌肥有根瘤菌肥、活性钾肥、固氮菌肥、硅酸盐细菌肥、腐殖酸类肥等。

(4)矿物肥料　矿物质(矿石)经物理或化学方法制成的养分呈无机盐形式的肥料,理化性能稳定,易吸收,肥效长。如矿物钾肥、矿物磷肥等。

(5)微肥　主要用于叶面施肥,以铜、铁、锌、锰、硼等微量元素为主,补充蔬菜生产中某些微量元素的缺乏,提高绿色蔬菜品质。

肥料施用时一定要注意重施有机肥、少施化肥,重施基肥、少施追肥,禁用硝态氮肥、控制化肥用量,化肥要与有机肥、微肥配合施用,要依据不同的土质、不同的蔬菜品种、不同的苗情、不同的季节而确定施用肥料的种类和施肥方式。

### (三)有机蔬菜施肥原则

有机蔬菜是根据有机农业生产技术标准生产的,经独立的有机食品认证机构认证允许使用有机食品标志的蔬菜。

**1. 有机蔬菜生产施肥原则**　有机蔬菜生产必须按照有

机农业的生产方式进行，严格遵循有机食品的生产技术标准，整个生产过程中完全不使用农药、化肥、植物生长调节剂等化学物质，不使用转基因工程技术。因此，有机蔬菜生产的施肥原则是：在培肥土壤的基础上，通过土壤微生物的作用来供给作物养分，要求以有机肥为主，辅以生物肥料，并适当种植绿肥作物培肥土壤。

**2. 有机蔬菜生产施用肥料种类**　有机蔬菜生产遵循有机农业的生产方式，以动物、植物、微生物和土壤等生产因素的有效循环为蔬菜提供营养，不打破生物链。有机蔬菜生产可选择的肥料种类有：有机肥（人粪尿、堆肥、厩肥、沼气肥、绿肥、作物秸秆、泥肥、饼肥等）、生物菌肥（腐殖酸类肥料、根瘤菌肥料、磷细菌肥料、复合微生物肥料等）、绿肥（草木犀、紫云英、田菁、柽麻、紫花苜蓿等）、有机复合肥和其他如骨粉、氨基酸残渣、家畜加工废料、糖厂废料等肥料。

施肥时应注意人粪尿与厩肥要充分腐熟发酵，最好通过生物菌沤制，如果用作追肥施肥后一定要浇清水冲洗。秸秆类肥料在矿化过程中需要大量的氧气，容易造成土壤缺氧，并产生植物毒素，应在播种或移栽前及早翻压入土。有机复合肥一般为长效性肥料，最好配合农家肥施用，取长补短，提高肥效。生产中要根据肥料特点、土壤性质和蔬菜营养特性灵活搭配肥料种类和数量，科学配方，平衡施肥，以有效培肥土壤，提高作物产量和品质。

## 三、蔬菜配方施肥技术

配方施肥就是综合运用现代农业科技成果，根据蔬菜需肥规律、土壤供肥性能与肥料性质，在以有机肥为基础的条件下，提出氮、磷、钾和微量元素的适当用量、比例与相应的施肥技术。配方是指肥料的计划用量，即满足蔬菜生产需要营养元素的种类和数量。施肥是配方在生产中的执行，依据作物需肥规律合理分配基肥、追肥的比例以及追肥的时间、次数和施用量。

## （一）配方施肥的原理和原则

配方施肥包括配方和施肥两个程序，总的原则是缺什么养分施什么肥料，缺多少补多少。目前，常用的配方施肥方法有养分平衡法配方施肥和肥料效应函数法配方施肥。下面主要介绍养分平衡法配方施肥的原理和方法。

养分平衡法是国内外配方施肥中最基本和重要的方法，核心是根据作物需肥量与土壤供肥量之差来计算实现目标产量的施肥量，由作物目标产量、作物需肥量、土壤供肥量、肥料利用率和肥料中有效养分含量等 5 大参数构成。养分平衡法配方施肥的计划产量施肥量公式如下：

$$计划产量施肥量=\frac{作物计划产量需肥量-土壤供肥量}{肥料利用率(\%)\times 肥料中养分含量}$$

**1. 目标产量确定** 目标产量是决定肥料施用量的原始依据，是以产定肥的重要参数，通常用两个办法确定。

（1）平均产量确定目标产量　采用当地前 3 年平均产量为基数，再增加 10%～15%作为目标产量。如某地某种作物前 3 年每 667 米$^2$ 平均产量为 1 000 千克，则每 667 米$^2$ 目标产量可定为 1 100～1 150 千克。

(2)土壤肥力确定目标产量　根据土壤肥力水平,确定目标产量,叫以地定产。在正常栽培和施肥条件下,农作物吸收的全部养分中有55%～80%来自土壤,其余来自肥料。就不同土壤肥力而言,肥力高农作物吸收土壤养分的份额多,肥力低农作物吸收肥料中养分的份额相应较多。我们把土壤基础肥力对农作物产量的效应称为农作物对土壤肥力的依存率,也就是我们通常所说的相对产量。掌握了一个地区某种农作物对土壤肥力的依存率,即可根据无肥区单产来推算目标产量,这就是以地定产的基本原理和方法。要建立一个地区某种农作物无肥区单产与目标产量之间的关系式,就要进行田间试验,设置无肥区和完全肥区两个处理试验,农作物生育期正常管理,成熟后单打单收,最后进行回归统计,得出结论。

$$\text{农作物对土壤肥力的依存率(\%)}=\frac{\text{无肥区农作物产量}}{\text{完全肥区农作物产量}}\times 100\%$$

以土壤肥力确定目标产量,不考虑肥料的成本投资,是现代农业生产所不能接受的。不考虑农田基础地力,主观确定过高的目标产量而进行不计成本盲目大量的投肥,高产指标虽能预期达到,然而却无推广价值。

**2. 作物需肥量计算**　农作物从种子萌发到种子形成的全生育期,需要吸收一定量养分,以构成完整的组织。对正常成熟农作物全株养分进行化学分析,测定出100千克经济产量所需养分量,即形成100千克农产品时该作物需吸收的养分量。这些养分包括了100千克产品与相应的茎叶所需的养分在内,不包括地下部分。依据100千克产量所需养分量，可以计算出作物目标产量所需养分量。

$$\text{作物目标产量所需养分量}=\frac{\text{目标产量}}{100}\times\text{100千克产量所需养分量}$$

**3. 土壤供肥量测验** 土壤供肥量是100多年来国内外学者最为关注的重要议题之一，目前测定土壤供肥量最经典的方法是在有代表性的土壤上设置肥料5项处理的田间试验，分别测出供氮、供磷（五氧化二磷）和供钾（氧化钾）量。

$$\text{土壤供氮量}=\frac{\text{无氮区作物产量}}{100}\times\text{100千克经济产量需氮量}$$

$$\text{土壤供磷量}=\frac{\text{无磷区作物产量}}{100}\times\text{100千克经济产量需磷量}$$

$$\text{土壤供钾量}=\frac{\text{无钾区作物产量}}{100}\times\text{100千克经济产量需钾量}$$

**4. 肥料利用率鉴定** 肥料利用率是指当季作物从所施肥料中吸收的养分占施入肥料养分总量的百分数。肥料利用率在常规条件下可以用田间差减法求得，即在田间设置施肥和不施肥两个处理试验，施肥区作物所吸收的养分减去土壤供肥量，即是作物从肥料中吸收的养分数量，再除以施用养分的总量即为肥料利用率。

$$\text{肥料利用率(\%)}=\frac{\dfrac{\text{施肥区产量}-\text{无肥区产量}}{100}\times\text{100千克经济产量需养分量}}{\text{施入养分总量}}\times 100$$

**5. 肥料养分含量查取** 从肥料产品的包装标识或在实

验室实际测定获取施用肥料的养分含量指标。

**6. 施肥量确定**　依据作物目标产量所需养分量、土壤供肥量、肥料利用率和肥料中有效养分含量等参数，运用公式即可算出完成目标产量的施肥量。这里需要特别说明的是，如果田间同时施用了有机肥料，那么，在计算化肥用量时，须将有机肥的供肥量扣除。

有机肥供肥量＝有机肥施用量×有机肥中养分含量×有机肥中该养分的利用率

## (二)蔬菜配方施肥实用技术

配方施肥是根据土壤中不同养分的含有量和作物达到目标产量对各种养分的需求量来确定各种肥料的施用量，找出施肥量与作物产量的依存关系，从而根据确定的目标产量确定施肥量和施肥方法。配方施肥的关键是土壤养分测定和正确施用肥料。

**1. 土壤养分测定**　土壤养分含量测定是配方施肥方案制定的基础和依据，配方施肥首先要确定土壤对某种养分的供肥能力，土壤供肥能力的大小取决于土壤中某种养分的含量和土壤的理化性质。土壤养分和土壤酸碱性的测定方法有以下几种。

(1)土壤样品的采集　土壤样品采集是土壤养分和性质测定的前提，正确的采样是分析结果准确性和精确性的根本保障。

①采样点数量确定　一般根据采样目的和土壤肥力的变异性以及地块面积的大小来确定采样点的数量。一般情

况下,测定速效养分含量,采样点应该多些;而全量养分的样品,采样点可适当地减少。肥力变异较大的土壤,采样点应尽量多些;肥力比较均匀的土壤,可适当减少采样点的数量。常规农化成分分析采样点一般为 15～20 个。

②采样方法与土样采集　首先根据要求确定采样的深度,分析一般项目的农化样,一般采用 0～30 厘米的耕层土壤。采样的方向应与土壤肥力的变化方向一致,采样线路一般分为对角线式、棋盘式和 S 形 3 种。采样点必须是随机确定的,但应避免设在田边、路旁、沟边、施肥点等非常规部位。在确定的采样点上,用小土铲斜向下切取一片片土壤样品,然后将样品集中起来混合,最后选定用于测试的土样。

③样品混合与测试土样选定　将采集的单样土壤取出,放在大的塑料薄膜或牛皮纸上混合均匀,并挑出秸秆和石块,平铺成方形,划两条对角线,取对面两块,其余弃之,以上操作反复进行,一直到取足所需用量为止。

④测试土样风干去杂　将确定的测试土样,放在塑料布(或牛皮纸)上,摊成薄薄的一层,置于室内通风阴干。在土样半干时,将大土块捏碎(尤其是黏性土壤),以免完全干后结成硬块,难以磨细。样品风干后,用镊子拣去动、植物残体及石块等杂物。如果石子过多,应当将拣出的石子称重,记下所占的质量份数。

⑤测试土样处理　将已去除杂物的土样放在研钵中研磨,使之全部通过 1 毫米的筛子,并在纸或塑料布上充分混

匀。用方格平均取样法取出一定量的过筛土样放入研钵中继续研细，并使之全部通过孔径 0.25 毫米的筛子，而后倒入带塞试管中并贴以标签，留作全量分析用。将剩下的过孔径 1 毫米筛子的土样装入广口瓶，贴上标签，留作一般化学分析和机械分析用。

(2)土壤酸碱性的测定　土壤酸碱性是影响土壤肥力和作物生长发育的重要因素。土壤酸碱性的大小一般用土壤溶液 pH 值表示，pH 值＜7 为酸性，pH 值＞7 为碱性，pH 值＝7 为中性。

①pH 试纸法　pH 试纸法使用起来比较方便，但不太准确，只可以作一般的参考。用土壤溶液浸泡 pH 试纸，试纸便会发生颜色变化。土壤酸性越强，试纸红色越深；土壤碱性越强，试纸蓝色越深。与试纸配套的标准系列颜色相比较即可得出土壤大致的 pH 值，如需要精确的 pH 值则必须利用酸度计来测定。

②酸度计法　配制准确 pH 值的标准缓冲溶液校对酸度计，方法是取制作好的“过 1 毫米筛子的土样”，用除去二氧化碳的蒸馏水，按土水比为 1∶2.5 充分浸泡，将酸度计玻璃电极的球泡伸入土壤浸泡液中并轻轻摇动，电极电位平衡后即可从酸度计相关位置上直接读出准确的 pH 值。酸度计法结果准确，但操作麻烦，还需准确配制相关测试溶液。

(3)土壤有机质含量测定　土壤有机质是土壤的重要组成物质，与土壤的物理性质及植物生长密切相关，土壤有机质含量多少直接影响肥力的高低。土壤有机质含量测定方法是:在170℃～180℃的高温条件下,用一定量的重铬酸钾—硫酸液,氧化土壤中的有机碳,剩余的重铬酸钾用硫酸亚铁溶液进行滴定,依据消耗的重铬酸钾量计算出有机碳量,再用系数进行换算即可得到土壤有机质的含量。

(4)土壤水解氮的测定　土壤水解氮又称土壤有效氮,包括无机矿质态氮和部分有机物质中易分解的、比较简单的有机态氮,主要有铵态氮、硝态氮、氨基酸、酰胺和易水解的蛋白质。水解氮含量反映出土壤有机质的含量和近期内土壤氮素的供应状况。测定方法是:用氢氧化钠碱解土壤样品,使有效态氮碱解转化为氨气状态,并不断扩散逸出。用硼酸吸收逸出的氨气,再用标准酸(如盐酸标准液)进行滴定,依据消耗掉的标准酸的量即可计算出土壤水解性氮的含量。

(5)土壤速效磷的测定　磷素是作物营养生理的重要元素,土壤速效磷是指土壤中在短期内能被作物所吸收利用的那一部分磷,它直接说明磷的有效性。测定方法是:配制磷标准溶液,测定绘制磷标准曲线。称取适量过1毫米筛子的土样与碳酸氢钠溶液和无磷活性炭混合并振荡浸泡,然后用干燥无磷滤纸过滤,土壤中的速效磷就被提取在滤液中。让碳酸氢钠与滤液中的速效磷充分反应,用钼锑抗混合显色剂显色,利用分光光度计测定反应液的消光度,对照标准曲线,查出滤液中磷的含量,再换算出土壤中速效磷的含量。

(6)土壤速效钾的测定　钾是作物生长发育过程中所必需的营养元素之一，土壤中钾主要以难溶性钾、缓效性钾和速效性钾等状态存在，速效性钾可以被作物直接吸收利用。测定方法是：配制钾标准系列溶液，用中性醋酸铵溶液浸泡过1毫米筛子的土样，充分振荡后立即过滤，滤液同钾标准系列溶液一起在火焰光度计上进行测定。依据钾标准系列溶液的测定值绘制标准曲线，依据过滤液的测定值在标准曲线中查出过滤液中速效性钾的浓度，再换算出土壤中速效性钾的含量。

(7)土壤水溶性盐总量的测定(电导法)　土壤中能被水溶解的盐类叫土壤水溶性盐，是盐碱土形成的主要原因，对土壤水溶性盐的测定结果，是盐碱土盐害诊断和土壤改良的重要依据。测定方法是：将土壤中的水溶性盐以一定的水土比浸提到水中，而后测定浸出液的浓度。纯水为电流的一个极不良的导体，而土壤水溶性盐溶解在水中，离解成离子，则能导电。土壤水浸液中盐分浓度愈大，溶液的导电能力也愈大。导电能力用电导率表示。土壤水浸液中盐分的浓度与该溶液的电导率成正相关。因此，可用已知土壤的含盐量与其相应的电导率做标准曲线，然后用电导仪测定未知土壤水浸液的电导率，查标准曲线，即可得未知土壤的盐分含量。

**2. 蔬菜配方施肥注意事项**　配方施肥根据蔬菜生长达到目标产量的需肥量和土壤养分含量情况，确定施肥种类和数量，根据有机肥和化肥的营养成分和特点，合理搭配施肥。配方施肥的另外作用就是改善土壤环境、培肥土壤。实施操作时应注意以下事项。

(1)以有机肥为基础,科学施用化肥　有机肥通过充分发酵腐熟,营养丰富,肥效持久,有利于作物吸收,既可作基肥也可作追肥,供蔬菜整个生长发育周期使用。在施用时应根据蔬菜生长发育的特性、培肥土壤的需要和经济原则,确定施用有机肥与化肥的比例。根据土壤养分含量和化肥性能选用化肥的品种、数量和配比。化肥作基肥要与有机肥混合施用,作追肥要少量多次施用,以免出现烧种、烧根、烧苗、烧叶等现象。根据不同蔬菜品种,确定施用不同化肥,如叶菜类需氮较多,可多施尿素、硝酸铵、硫酸铵、碳酸氢铵、氨水等氮素化肥。

(2)以实施状况为依据,合理确定施肥量　配方施肥中通过测定和计算得到的施肥量,是按一定的目标产量计算出来的化肥施用量。在实际生产中还要施用有机肥料,因此应根据施用有机肥的数量和质量适当减少化肥的施用量。不同的生长季节温度、水分等条件不同,春季温度由低到高,蔬菜生长由慢到快;秋季温度由高到低,蔬菜生长由快到慢,应根据蔬菜生长状况适当增加和减少肥料施用量。同时,气候条件的变化还会影响土壤微生物的活动与土壤的供肥能力,所以确定施肥量时也要将它考虑在内。

(3)以满足生产需要为前提,注重养分平衡　配方施肥是在综合考虑蔬菜需肥规律、土壤供肥能力和肥料特点的前提下,科学确定有机肥以及氮、磷、钾和各种微量元素的

合理用量、比例与施用方法，是一种平衡施肥方法。蔬菜产量的提高靠的不仅仅是肥料的投入量，更主要的是各种养分的适宜比例。一种养分积累过多会对蔬菜造成单盐毒害，而且各种元素之间存在着拮抗（相互抑制吸收）或协助（相互促进吸收）作用，土壤中各种养分的不平衡是降低肥效的重要原因。

(4)以用地与养地相结合为原则，保持土壤供肥能力

配方施肥除了保证蔬菜生产的产量和质量外，另一个目的就是改良土壤、培肥地力、不断提升土壤的供肥能力。所以，要定期进行土壤测定，及时掌握土壤速效养分含量变化，适时调整施肥配方；还要做到用地与养地相结合，投入与产出相平衡，以形成“作物—土壤—肥料”物质和能量的良性循环，保持土地农业再生产的能力。

# 第三章 大白菜科学施肥技术

大白菜也称结球白菜、白菜、黄芽菜和包心白菜等，为1～2年生草本植物。大白菜生长速度快，产量高，味道鲜美，营养丰富，耐贮运，是我国北方地区主要的秋冬蔬菜品种。大白菜在我国栽培历史悠久，目前已具备可供四季栽培的大量优良品种。

## 一、大白菜的生物学特性

大白菜属十字花科芸薹属植物，主要以叶片为收获器官。根系浅叶片大，对肥水要求高，适应性广。早熟品种生育期为75天，中熟品种生育期为90天，晚熟品种生育期为90天以上。

### （一）植物学特征

大白菜为浅根性直根系作物，主根较发达，入土60厘米左右，最深可达1米。侧根丰富，多级分枝，再生能力强，多分布于25～35厘米深的土层中。根系横向扩展直径为60厘米左右。

大白菜不同生长时期茎的形态各不相同。营养生长期为短缩的营养茎，球形或短圆锥形，直径4～7厘米。从苗期开始，以叶片生长为主，茎节间短，叶片着生多且排列紧

密。生殖生长期短缩茎顶端抽生花茎，高60～100厘米。叶腋间的芽发育成侧枝，侧枝可长出二、三级分枝，下部分枝较长，上部分枝较短，植株呈圆锥状。

大白菜的叶是光合作用和蒸腾作用的主要器官，也是贮藏营养的器官。叶可分为子叶、初生叶、莲座叶、球叶和顶生叶5种。子叶肾形、光滑、无锯齿，叶柄明显；子叶内贮藏的营养可供种子发芽所用，绿色的子叶能进行光合作用供应幼苗生长。初生叶也称基生叶，为第一片真叶；初生叶与子叶呈十字形排列，长椭圆形，羽状网状脉，叶缘有锯齿，表面有毛，有叶柄无托叶。初生叶之后至大白菜抱球前生成的叶片均称莲座叶，板状叶柄，叶片宽大，边缘波状；莲座叶由3个叶环组成，每个叶环5(早熟品种)或8(中熟品种)片叶；莲座叶的主要功能是光合作用，制造营养。球叶向心抱合形成叶球，是营养物质的贮藏器官，也是大白菜的收获器官；球叶数量大，早熟品种30～40片，中熟品种40～60片，晚熟品种60～80片。球叶多褶皱，外层球叶呈绿色，内层球叶呈白色或淡黄色。生殖生长阶段，花茎上着生的叶片称为顶生叶或茎生叶。顶生叶是生殖生长时期绿色的茎生叶，小型叶三角形，基部阔，先端尖，抱茎，表面光滑、平展，叶缘锯齿少，愈向顶部叶片愈小。

大白菜为异花授粉作物，自花授粉不亲和。复总状花序，完全花，由花梗、花托、花萼、花冠、雄蕊群和雌蕊组成。萼片4枚，绿色。花冠4枚，十字形排列，黄色。雄蕊6枚，4强2弱，花丝基部生有蜜腺。雌蕊1枚，位于花中央，子房上位。长角果，先端呈圆锥形，细且长，受精后30天种子成熟。种子球形，红褐或褐色。

## （二）生长发育

大白菜的生长发育与播种时间直接相关。秋播大白菜为2年生植物，在秋季冷凉的气候条件下进行营养生长并分化花芽，经发芽期、幼苗期、莲座期和结球期后越冬进入休眠期。在气候温和与日照较长的条件下（翌年春季）再进行生殖生长，即返青抽薹、开花结果形成种子。春播大白菜当年就可以完成生活周期开花结籽，表现为1年生的特性，但可能不经过结球和休眠阶段。

**1. 发芽期** 从播种出苗至第一片真叶显露为发芽期，依温度变化不同需要4～7天。发芽期子叶变绿后可进行光合作用，此时主根长达10厘米以上并有侧根分枝，根、茎、叶俱全，能够独立生活。

**2. 幼苗期** 从第一片真叶显露至第一个叶环（第七至第九片叶）形成为幼苗期，需要6～22天。基生叶与子叶大小相同并与子叶呈十字形排列，其他真叶按一定的开展角度呈圆盘状排列（称“开小盘”或“团棵”）。主根纵深发展达60厘米以上，侧根长达35厘米，主要分布在7～25厘米深的土层中。幼苗期结束时，由于根系次生生长撑破表皮会出现根部“破肚”现象。

**3. 莲座期** 从第一个叶环形成至第三个叶环完全展开为莲座期。早熟品种有15～18片叶，需要15～20天；晚熟品种有24～26片叶，需要25～28天。绿色叶片全部外展

形成发达的莲座叶丛，光合作用最强。主根继续生长，侧根密集发达且多分枝。莲座期结束时，植株中心生出球叶并抱合呈现卷心现象。

**4. 结球期**　从球叶开始抱合至叶球形成为结球期，可分为前、中、后 3 个分期。结球前期莲座叶继续扩大，外层球叶先形成叶球轮廓（称“抽筒”或“拉框”），需 10～15 天；植株抽筒后，内层球叶迅速生长，以充实叶球内部（称“灌心”），为结球中期，需 15～25 天；结球后期叶球继续缓慢生长直至收获，需 10～15 天。结球期是大白菜养分积累形成产品的主要时期，植株生长量最大，占植株生长总量的 70%左右。结球期已有花芽分化，结球期长短因品种不同而有所差异。

**5. 休眠期**　大白菜结球后，如果环境温度较低（秋季）不适合生长，便被迫进行休眠（强制性休眠）；如果温度、光照等环境条件适合，则直接进入生殖生长（抽薹开花）。大白菜休眠期生理活动很弱，不进行光合作用，依靠叶球贮藏的养分生活，其间继续形成花芽和花蕾。

**6. 返青抽薹期**　从母株切头栽植、返青抽薹至开花之前为返青抽薹期，需 20～25 天。此期母株叶片逐渐变绿，中心抽出花薹并缓慢伸长、分枝，同时出现花蕾并膨大。

**7. 开花期**　从第一朵花开放至最后一朵花谢落为止为开花期，需 15～20 天。此期花枝不断抽生，茎生叶不断展出，花薹继续生长、分枝，陆续出现花蕾并开花，花谢后果荚生长发育。

**8. 结荚期** 花枝、花薹生长停止，花谢落，果荚迅速生长，种子逐渐成熟后变黄。此期茎生叶陆续脱落，最后全株枯黄。

## （三）对环境条件的要求

大白菜产量高，生长量大，主要以营养器官（叶片）为收获产品，除制种外主要以保证营养器官生长为生产目的。影响大白菜生长的主要环境因素有温度、光照、水分和土壤等。

**1. 温度** 大白菜为半耐寒性植物，要求温和冷凉的气候，生长适温为 10℃～22℃，高于 25℃ 生长不适，低于 －2℃ 则受冻害。20℃～25℃条件下发芽迅速。幼苗期适应性强，可耐 －2℃ 的低温和 28℃ 的高温，适宜温度为 20℃～25℃。莲座期要求严格，适宜温度为 17℃～22℃。结球期是形成产品的时期，对温度要求最严格，适宜温度为 12℃～22℃，适宜昼夜温差为 8℃～12℃。休眠期停止生长，以 0℃～2℃最适，低于－2℃易受冻害，高于 5℃易腐烂。抽薹期适宜温度为 12℃～18℃，开花结果期适宜温度为 17℃～20℃。

**2. 光照** 大白菜正常生长需要中等强度的光照，光补偿点较低，适于密植。保证营养生长的最低日照长度为 8 小时，开花结果期则需要每天 12 小时左右的长日照。

**3. 水分** 大白菜叶面积大，蒸腾水分多；根系分布浅，不能利用土壤深层的水分；整个生育期均要求提供充足的水分。发芽期土壤相对含水量要求 85％～95％；幼苗期应

经常浇水，保持土壤相对含水量80%～90%，干旱高温易发生病害；莲座期根系扩展可适当控水，以防徒长，土壤相对含水量应控制在75%～85%；结球期球叶片迅速生长，需水量最大，土壤相对含水量应保持85%～90%。

**4. 土壤**　大白菜适宜在土层深厚、肥沃疏松、富含有机质的壤土、沙壤土和黏壤土生长，同时要求土壤地下水位深浅适宜、疏松多孔、保水保肥、透气通水。大白菜生长喜欢中性偏酸的土壤，最适pH值为6.5～7，过酸、过碱均会引发生理病害。

## 二、大白菜的需肥与吸肥

大白菜为喜肥作物，依靠增加叶片数量和叶片面积来提高产量。大白菜叶面积大，根系分布浅，生长需要肥沃的土壤。

### (一)对营养元素的吸收

大白菜以叶片为收获产品，氮肥对其生长至关重要，但要注意适当配合磷、钾肥。大白菜对钙素反应敏感，缺钙易引起“干烧心”病；缺硼会导致植株代谢紊乱，生长明显受到抑制。

**1. 对大量元素的吸收**　大白菜对大量营养元素的吸收，除硫可以从空气中以二氧化硫的形式吸收外，其他营养元素主要以离子形态从土壤中通过根系吸收。土壤中有机养分和难溶状态存在的无机养分，必须经过微生物分解转化为大白菜能利用的形式才能被吸收。大白菜生长过程中对大量元素的需求量很大,但不同生长时期对各种元素的吸收数量和比例不同,与大白菜的生长发育速度紧密相连。发芽期和幼苗期吸收较少,进入莲座期吸收量大幅度增加,结球期达到高峰,结球后期对养分的吸收增加幅度又逐渐缓慢。

大白菜对大量元素吸收量最大的是钾,其次是氮和钙,磷和镁的吸收量相对较少。研究表明,每生产 1 000 千克大白菜需氮 1.8～2.6 千克、磷(五氧化二磷)0.8～1.2 千克、钾(氧化钾)3.2～3.7 千克,氮、磷、钾比例约为 1∶0.5∶2。钾能促进大白菜地上部分的生长和干物质的积累,幼苗期对缺钾最敏感,而结球期则是钾对大白菜生长的最大效率期,结球初期是大白菜重施钾肥的最好时期。

**2. 对微量元素的吸收** 相对于大量元素来说,大白菜对微量元素的吸收量极少,主要通过根系从土壤中吸收,也可通过叶片吸收满足需要,因此微量元素可通过叶面施肥加以补充。大白菜对微量元素的吸收规律与对大量元素的吸收很相似,也是发芽期和幼苗期吸收较少,进入莲座期吸收量大幅度增加。不同的是大白菜生长对铁的吸收最多,对锌、硼及锰的吸收相对较少,对铜的需求量最少。试验数据显示,生产 1 000 千克大白菜需铁约 20.84 克、锌约 2.21 克、硼约 1.87 克、锰约 1.41 克、铜约 0.19 克。不同品种对微量元素的需求有一定差异。

### (二)需肥吸肥特点

商品大白菜的生产主要是保证大白菜的营养生长,特

别是叶片的生长。大白菜不同生长期的主要生长部位和生长量不同，因而对所需肥料的种类和数量也不同。

**1. 发芽期** 发芽期主要靠种子贮藏的养分供应幼苗的生长，子叶出土并变绿后进行光合作用开始制造营养物质。同时，根系逐渐生长并从土壤中吸收水分和养分，植株开始独立生活。这一时期的生长量约占大白菜生长总量的0.1%，对氮、磷、钾的吸收量很少，约占生育期总吸收量的0.008%，土壤中的养分可以满足生长的需求。

**2. 幼苗期** 幼苗期植株主要进行基生叶和第一环莲座叶的生长，生长量约占大白菜生长总量的0.41%，氮、磷、钾养分吸收量仅分别占全生育期吸收总量的5.1%～7.8%、3.2%～5.3%、5.6%～7%。这一时期植株生长量不大，但生长速度很快。由于植株根系尚不发达，吸收的养分和水分不能满足大白菜生长发育的需求，应追施“提苗肥”。

**3. 莲座期** 莲座期植株主要进行莲座叶的生长，其生长量大、生长速度快，生物产量占成品大白菜生物总产量的29.2%～39.5%，吸收的氮、磷、钾养分量分别占全生育期吸收总量的27.5%～40.1%、29.1%～45%、34.6%～54%。莲座期栽培管理的重点是保证莲座叶健壮生长，这一时期植株根系发育比较完全，吸收能力增强，土壤养分已不能满足需要，必须在少数植株开始团棵时及时追施“发棵肥”。

**4. 结球期** 结球期是大白菜形成叶球、积累养分的关键时期，莲座叶光合作用强，植株生长速度快、生长量大，需要的养分多，需肥量最大，此期是决定大白菜产量与品质的关键时期。从球叶包心结球中期，植株生物产量占产品生物总产量的44.4%～56.4%，吸收的氮、磷、钾养分量分别占全生育期吸收总量的30%～50%、32%～51%、44%～51%；包心后期至收获期，生长速度下降，养分吸收量减少，新增的生物产量占产品生物总产量的10%～15%，吸收的氮、磷养分量分别占全生育期吸收总量的16%～24%、15%～20%，而吸收钾量占总量不足10%。大白菜需肥量最多的时期是莲座期至结球中期，约占养分吸收总量的80%。为保证大白菜的产量和质量，球叶包心前5～6天要追施"结球肥"，中晚熟品种还要在结球前期（抽筒后）施"补充肥"，结球中期施"灌心肥"。

## 三、大白菜施肥实用技术

科学施肥的目的是为了满足蔬菜整个生长发育时期和不同生长阶段对不同养分种类和数量的要求，保证蔬菜在不同时期和阶段生长发育都能达到最佳状态，以达到蔬菜产品高产优质。大白菜生产主要通过施用足够的基肥保障整个生育期的养分供应，施用追肥满足不同生长阶段对营养的特别需求，追肥可以根施，也可以叶面喷施。

### （一）基　肥

基肥是保障蔬菜整个生育期对养分的需求。大白菜生长速度快、生长量大，一定要施足基肥。基肥以充分腐熟的

优质有机肥为主，一般每 667 米$^2$ 施用 4 000～5 000 千克，最少不能低于 3 000 千克。基肥可以在耕地整地前撒施，结合整地让粪肥与土壤均匀混合，也可以在播种前按行距开沟施用。对于播种期正值雨季或劳动力紧张造成施肥困难的地区，应注重春茬多施基肥，前茬收获后多施人粪尿，到定苗再施有机肥。对于新菜地和肥力不高的菜田，可采取有机肥与磷、钾肥混合作基肥，每 667 米$^2$ 可施磷酸二铵 15 千克、磷酸钾或氯化钾 15 千克，如果钾肥缺乏可施一部分草木灰替代。

### (二)追　肥

大白菜营养生长除发芽期外，幼苗期、莲座期和结球期生长量逐渐增加，对养分种类和数量的要求也在不断变化和增大。单靠基肥已经不能满足生长的需要，必须通过合理追肥加以补充。不同生长阶段追肥的种类和数量不同。

**1. 轻施提苗肥**　提苗肥的作用是保证大白菜幼苗生长对养分的需求，使幼苗生长健壮。大白菜直播 2～3 天子叶出土，子叶充分伸展时，主根已伸长 10 厘米左右，并发生一级侧根，这是施提苗肥的最佳时期。提苗肥以氮肥为主，可结合间苗追施。可将人、畜粪尿按 1∶9 加水制成稀粪尿，每次间苗后施用 1 次。也可每 667 米$^2$ 施尿素 5～7 千克。若基肥充足，幼苗的长势和叶色均正常，可不施或少施提苗肥，以防追肥过多引起徒长。

**2. 保证发棵肥**　大白菜发棵肥在幼苗期结束、莲座期开始、少数植株开始“团棵”时施用。目的是供给莲座叶生长所需要的养分，为大白菜包心结球打基础。发棵肥宜施在植株之间，在距苗 15～20 厘米处开 8～10 厘米深的小沟，利用根的趋肥性引导根系向外扩展。移栽的大白菜要先将肥料施在沟或穴中与土壤混匀，再在上面栽苗。发棵肥可用有机肥也可用化肥，施肥后一定要充分浇水防止“烧苗”。一般每 667 米$^2$ 追施腐熟人粪尿 500～750 千克，或腐熟有机肥 1 000～1 500 千克，或硫酸铵或磷酸二铵 10～15 千克、草木灰 50～100 千克或含磷、钾的复合肥 7～10 千克，以保证氮磷钾三要素平衡，防止植株徒长。也可每 667 米$^2$ 追施三元复合肥 50～100 千克。

**3. 重施结球肥** 结球肥在大白菜包心前 5～6 天追施。结球期是大白菜生长量最大、需肥量最多的时期，结球肥要求肥效持久，并注意增施钾肥。每 667 米$^2$ 追施腐熟有机肥 1 000～1 500 千克、草木灰 50～100 千克，也可每 667 米$^2$ 追施硫酸铵 15～25 千克、过磷酸钙和硫酸钾各 10～15 千克。为保证大白菜生长的需要，结球前期还可以追施腐熟人粪尿 1～2 次，每次每 667 米$^2$ 施用 1 000～1 500 千克，结球中期每 667 米$^2$ 再追施尿素 8～10 千克。

**4. 补施抽筒肥和灌心肥** 大白菜中晚熟品种，结球期时间较长，可在“抽筒”和“灌心”的时候适当补充施肥，即补施抽筒肥和灌心肥，每 667 米$^2$ 可分别追施硫酸铵 10～15 千克。由于此期大白菜生长田间已经封行，可将肥料溶解于水中随浇水冲施，也可选用相应的冲施肥料。

### （三）叶面施肥

叶面施肥最突出的优点就是省肥、速效，对大白菜增产

和提高抗病性、抗逆性均有较好效果。大白菜叶面施肥一般在莲座期内进行，如果土壤肥力不足，可从莲座期至结球期每 7～10 天进行 1 次，连续喷施 3～4 次。可喷施 0.5%～1%尿素溶液和 0.1%～2%磷酸二氢钾溶液，每 667 米$^2$ 用肥液 50～75 千克。结球期可用 0.7%氯化钙溶液喷施 2～3 次，对促进结球和防止“干烧心”效果良好。喷洒时为了提高效果，可在肥液中加入少量洗衣粉作黏着剂。叶面喷施最好选择无风晴天的上午 9 时以前或下午 4 时以后进行，阴天可全天喷洒，雨天停止喷洒。

# 第四章　小白菜科学施肥技术

小白菜又名不结球白菜、青菜和油菜，为1～2年生草本植物，我国南北各地均有栽培，主要以茎、叶为食用器官。小白菜性喜冷凉，既耐低温又耐高温，一年四季均可种植。小白菜营养丰富，食用价值高，是蔬菜中含矿物质和维生素最丰富的蔬菜。

## 一、小白菜的生物学特性

小白菜是十字花科芸薹属白菜亚种的变种，主要以叶片为收获器官。小白菜植株较矮小，根系浅，须根发达，生长速度快，一般定植后20～25天即可采收。

### （一）植物学特征

小白菜为直根系蔬菜，扎根浅，须根发达，根系主要分布在土壤表层10～13厘米处。根系再生能力较强，移栽后根系能迅速恢复生长。

小白菜的生育期不同，茎的表现形态也不同。在营养生长阶段，茎短缩，直径为1～3厘米。遇到高温或过分密植时，植株生长迅速，营养生长时期的茎也会伸长。进入生殖生长时期，茎节伸长进而抽薹，茎成为花茎，且花茎上有2～3次分枝。

小白菜的叶分莲座叶和花茎叶2种。莲座叶着生于短缩茎上，是小白菜生产的收获产品（食用器官），也是植株生长的同化器官；莲座叶直立，或从中部直角平展，十几片叶一般可构成3个叶环；莲座叶片为倒卵形、阔倒卵形、圆形或卵形，长15～30厘米，叶边缘波浪状，绿色至深绿色；莲座叶片肥厚，不皱缩，多数品种的叶片光滑，少数有毛；叶柄肥厚，横切面扁平、半圆或扁圆形，没有叶翼，白色、绿白、浅绿或绿色，按叶柄颜色小白菜可分为白梗和青梗2种类型。花茎叶是着生于花茎上的茎生叶，着生于花茎上部的叶片倒卵形或椭圆形，没有叶柄，叶基部呈耳状抱茎或半抱茎；着生于花茎下部的叶片有叶柄。

小白菜完成营养生长，抽薹后则大多数失去商品价值（食用价值）。小白菜在抽薹的顶端分枝开花，为复总状花序，有4瓣黄色的花冠，花瓣椭圆形，呈十字形排列，为十字花科的典型花。花冠内有6枚雄蕊，1枚雌蕊。开花时，雄蕊花药一般向外裂开，这样虫媒花异花授粉效果较好。异花授粉结实率较高，一般可达80%～90%。果实为荚果，形状长且较细。果实成熟时易开裂，内有种子10～20粒，种子近球形、红褐色或黄褐色。

### （二）生长发育

小白菜全生育期可分为营养生长期和生殖生长期。小白菜主要以营养生长期的茎叶作为产品，进入生殖生长期后，抽薹开花，食用品质下降，大多数失去商品价值。小白菜的营养生长期可分为发芽期、幼苗期、莲座期。生殖生长期可分为抽薹孕蕾期、开花期和结果期。

**1. 发芽期**　小白菜种子没有明显的休眠期，成熟种子播种后在适宜的温度、水分条件下，即可萌发。从种子萌发至子叶展开、第一片真叶长出为发芽期，一般需要 3～5 天。

**2. 幼苗期**　种子发芽后，茎的顶端每隔一定的天数就会分化出 1 片新叶，从第一片真叶显现至长出 5～6 片真叶时为幼苗期。小白菜幼苗期主要进行叶片生长和根系形成。

**3. 莲座期**　植株真叶从 5～6 片至 16～24 片时为莲座期，是小白菜产量形成的主要时期。从整体来看，植株高度变化较小，只有幼苗期生长较好的小白菜，才能大量生长莲座叶。生产中要想有较高的产量，应适时早播，并在幼苗期保证充足的肥水，为增产打好基础。

**4. 抽薹孕蕾期**　这一时期是小白菜吸取营养最迅速的时期，也是植株生长最快的时期。此期植株每天可增高 2～3 厘米，同时叶片面积增大，茎开始生长叶片，称为茎生叶。植株中央抽生花薹，发出花枝，顶端形成花蕾。一般情况下，小白菜是先现蕾后抽薹，但有些品种或在一定的栽培条件下，先抽薹后现蕾，或现蕾和抽薹同时进行。

**5. 开花期**　小白菜花蕾长大，陆续开花为开花期。小白菜开花期是茎叶生长量达到最大值并进入生殖生长为主的时期，开花期的迟早和长短因品种和各地气候条件而不同，一般早熟品种开花早、花期长；晚熟品种开花晚、花期短。

**6. 结果期** 小白菜全部花凋落至种子成熟为结果期，一般需30天左右。这个时期小白菜对营养元素的需求逐渐减少，特别是氮肥，不宜施用过多，以免造成植株贪青晚熟，对种子品质产生不良影响。

**（三）对环境条件的要求**

小白菜营养丰富，生长期短，以绿叶为主要食用部分，产量高。影响小白菜生长的环境条件主要有温度、光照、水分、土壤等。

**1. 温度** 小白菜性喜冷凉气候，耐低温性较强，生长的适宜温度为15℃～20℃，各品种间对温度的要求有所差异。温度适宜是种子出苗的关键，小白菜发芽的适宜温度为20℃～25℃，低于3℃或高于37℃均不利于发芽，日平均温度在5℃以下时，需要经历20多天方能出苗。小白菜幼苗生长的适宜温度为10℃～20℃，从种子萌发至长出绿色植株均可适应0℃～12℃的低温条件，进而通过春化阶段。小白菜在春天长日照和较高温度条件下抽薹开花，开花的最适宜温度为14℃～18℃。早熟品种适宜温度偏低，晚熟品种适宜温度偏高。由于各地环境条件的差异，经过长期的驯化和选育，已经培育出适宜冬春栽培的品种以及耐热耐暴雨的夏秋栽培品种。

**2. 光照** 小白菜为长日照作物，需要长时间阳光照射，而且小白菜以绿叶为食用部分，因此对光照的要求很高。在较强光照条件下，株形紧凑，叶色浓绿，产量高，品质好。若光照不足，则会引起叶片黄化，植株徒长，产量和品质都有所下降。

**3. 水分** 小白菜根系发达，在土层中分布较浅，再生能力强，叶片多，叶面积大，通过叶片向外散失的水分也较多，因此在栽培中需要保持较高的土壤水分和空气湿度。在干旱条件下，植株生长缓慢，叶片小，纤维组织多，产量低，品质差。夏季高温，应勤浇水，保持土壤湿润，以减少高温对叶片、根系的伤害与高温对病虫害的诱发。但如果土壤含水量过高，特别是在高温时期，根系易淹水缺氧而造成死亡。因此，春、夏、秋3个季节应注意开沟排水，防止土壤水分过多引起内涝。种子发芽时土壤相对含水量以60%～70%为最适宜，幼苗生长期要求土壤相对含水量达到70%以上，开花期要求土壤相对含水量保持70%～80%。

**4. 土壤** 小白菜对土壤的适应性很强，但以富含有机质、疏松、保水保肥能力较强的壤土或沙壤土栽培效果较好。

## 二、小白菜的需肥与吸肥

小白菜是浅根性作物，根系的吸收能力弱，而且植株栽培密集，生长迅速。因此，在栽培中需要保证养分和水分的持续供应。

### （一）对营养元素的吸收

小白菜生长期短，群体密集，生长迅速，以肥嫩的叶片为主要产品。在养分供应上，氮肥对小白菜的产量和品质

有直接的影响，施肥以氮肥为主，钾肥次之，磷肥吸收较少。每生产 1 000 千克小白菜，需要吸收氮 2.2～3.6 千克、磷 0.6～1 千克、钾 1.1～3.8 千克。

小白菜在幼苗期生长迅速，叶片数和叶面积增加明显，可以少量追施速效氮肥。生长中后期，植株生长旺盛，叶片为主要同化器官，能够大量积累营养物质，为了增加叶片和叶柄的重量，需要多次追施速效氮肥。氮肥对小白菜的产量和品质影响最大，尤其在生长旺盛时期，要注意铵态氮肥与硝态氮肥的配合施用。硝态氮易转化为亚硝酸盐，在小白菜植株内大量积累，食用后会影响人体健康，因此严禁单独施用硝态氮肥。

钾能够促进光合作用中有机物质的运输，适量施用钾肥能够显著增加小白菜的产量。小白菜在生育期内对硼素很敏感，缺硼时，心叶卷曲、失绿，植株小，生产中应注意补充硼肥。

### （二）需肥吸肥特点

小白菜生长期短，生长量大，对肥水的需求较高，在整个生育期内均需要有充足的养分供应。

**1. 发芽期**　种子发芽需要的养分以种子贮藏的营养为主，加上此期小白菜生长缓慢，对肥水的需要量少，因此在基肥充足的条件下不需追肥。

**2. 幼苗期**　在幼苗期植株生长速度加快，为了保证植株迅速达到足够的叶片数和叶面积，在施足基肥的基础上，可少量追施速效氮肥。

**3. 莲座期** 小白菜在莲座期植株生长旺盛，对肥水的需求量也最大。由于小白菜以莲座叶片为主要食用部分，而且生长期短，生长速度快，所以莲座期需要大量追施速效氮肥，以增加叶片和叶柄的重量。尤其是叶柄的重量，可占整片叶重量的75％～80％。在小白菜的营养生长期，随着小白菜的生长发育，需肥量越来越大，莲座期一定要保证肥水的供应，尤其是氮肥，以满足小白菜营养生长的需要。

**4. 抽薹孕蕾期** 营养生长达到最大值后，小白菜进入抽薹孕蕾期，此期植株生长迅速，叶面积增加快，需肥量也较大，可适当追施速效性氮肥。如若收获小白菜种子作为产品，则这一时期应肥水充足，为小白菜开花、结果打下良好的基础。

**5. 开花期和结果期** 小白菜开花后，进入生长后期，对肥水的需求少，需要减少速效性氮肥的施用。若过量施用氮肥，则会造成植株贪青晚熟，使小白菜种子品质下降。

## 三、小白菜施肥实用技术

小白菜适应性强，生长期短，对产品要求不严格，一年四季基本上都可以栽培。对小白菜施肥，不是越多效果越好，应根据土壤供肥状况和小白菜的需肥特性，确定相应的施肥量和施肥方法。按照有机肥与无机肥相结合、基肥和追肥相结合的原则，进行平衡施肥。科学施肥不仅可以节约生产成本，还能够提高经济效益。

### (一)基　肥

小白菜根系分布浅,吸收能力弱,基肥施用不可过深。小白菜四季均可进行栽培,生产中应针对不同栽培时期,采取相应的施肥方式。

春季栽培小白菜基肥应以有机肥为主,一般每667米$^2$施腐熟有机肥2 500～3 500千克。夏季栽培小白菜生长期短,基肥主要以速效氮肥和钾肥为主,为促进植株快速生长,每667米$^2$可以施用三元复合肥20千克;秋冬季栽培小白菜生长期较长,吸肥多,需要增加肥料的施用量,每667米$^2$施用腐熟有机肥3 500～4 000千克、氨水50千克或尿素15千克。

### (二)追　肥

小白菜在生长阶段,植株密集,生长迅速,需肥量较大,需要保证肥水的不断供应。同时,小白菜植株矮小,容易接触地面的泥土,因此在追肥时,应避免使用人、畜粪尿等有机肥,以防止污染植株。

春季小白菜追肥一般采取轻追多次,重追1次的方法。可追施稀粪水或速效性氮肥,前期每667米$^2$施用4～6千克,后期每667米$^2$施用10～20千克;夏季小白菜生长期短,应多施用速效性肥料,追肥按少量多次、前少后多的原则进行,前期每次每667米$^2$施用尿素5千克左右,后期每次每667米$^2$施用尿素10千克,一般追肥3～5次;秋冬季小白菜追肥以速效性氮肥为主,追肥时期和次数应根据品种、生长期以及营养状况而确定。一般在定植后 5 天追施缓苗肥，追肥多采用稀粪水。生长前期每次每 667 米$^2$ 追施 500 千克，生长后期每次每 667 米$^2$ 追施 1 000～1 500 千克。供新鲜食用的小白菜生长期较短，可以轻追多次，重追 1 次；供腌渍用的小白菜生长期相对延长，可以轻追数次，重追 2 次。

**（三）叶面施肥**

夏季小白菜生长期短，生长迅速，如果不进行土壤追肥，可叶面喷施 0.2%～0.5%尿素溶液，效果较好。

# 第五章　结球甘蓝科学施肥技术

结球甘蓝通称甘蓝，也称洋白菜、包菜、圆白菜、莲花白和椰白等，为1～2年生草本植物。结球甘蓝耐寒、抗病、适应性强、易贮耐运、产量高、品质好，我国各地普遍栽培，是主要蔬菜之一。

## 一、结球甘蓝的生物学特性

结球甘蓝属十字花科芸薹属植物，主要以柔嫩的叶球为收获和食用器官。依据结球甘蓝叶球的颜色和形状可分为普通甘蓝、紫球甘蓝、皱叶甘蓝和尖头型、圆头型、平头型甘蓝。我国栽培的主要是普通甘蓝，可分为早熟、中熟和晚熟品种。

### （一）植物学特征

结球甘蓝主根基部粗大，侧根较多呈圆锥形根系。根系一般分布在50～60厘米的土层中，以30厘米土层内分布最多。结球甘蓝根系入土较浅，但根系横向伸展半径大，可达80厘米，吸水吸肥能力较强，但抗旱能力较差。

结球甘蓝的茎分短缩茎和花茎2种。短缩茎存在于营养生长期，基部着生莲座叶和基生叶，上部伸入叶球内部。伸入叶球内的短缩茎称为内短缩茎，其他称为外短缩茎。

内短缩茎越短，叶球包心越紧密，食用价值越高，品质越好。花茎出现于生殖生长阶段，由短缩茎顶端伸出，花茎可以分枝并有叶片和花生长，形成花序。

结球甘蓝在不同的生长发育时期叶的形态差别很大，可分为子叶、基生叶、幼苗叶、莲座叶和球叶5种类型。子叶最先长出，肾形，对生。结球甘蓝生出的第一对真叶称基生叶，与子叶呈"十"字形排列，无叶翅，叶柄较长。幼苗叶较基生叶大，互生在短缩茎上，5～8片构成植株的第一叶环，叶片卵圆形或椭圆形，有明显的叶柄。莲座叶也称外叶，叶柄短甚至无叶柄，叶片宽大，早熟品种12～16片，中晚熟品种18～30片，构成植株的第二、第三叶环，呈莲座状排列，是植株的主要同化器官。球叶位于植株中心，无柄，叶片先端向内弯曲，抱合生长形成叶球，多为黄绿色、深绿色至蓝绿色，少数紫色；叶片肥厚，叶面光滑且覆盖有白色蜡粉，是叶表皮细胞分泌产生的，有减少水分蒸发的作用；球叶是结球甘蓝同化产物的贮藏器官。花茎上的叶为茎生叶，互生，叶片较小，先端尖，基部阔，无叶柄或叶柄很短。

结球甘蓝的花为复总状花序，花茎可发生3～4次分枝。花黄色，花瓣"十"字形排列。自花不孕，典型的异花授粉植物，靠昆虫和风传粉。果实为长角果、圆柱形，表面光滑呈念珠状，每角果有种子20粒左右。种子圆球形，红褐色或黑褐色。

### (二)生长发育

结球甘蓝为2年生草本植物，正常情况下，第一年进行

营养生长，形成根、茎、叶等营养器官，并将营养贮藏于叶球当中。叶球通过冬季贮藏的低温完成春化作用，并利用翌年春天的长日照完成光周期，进入生殖生长期，抽薹开花结籽，完成生命过程。结球甘蓝的生长期和白菜相似，但各期所需要的日照时数比白菜长，由营养生长期过渡到生殖生长期的条件也比较严格。

**1. 发芽期**　从种子萌动至幼苗第一片真叶（基生叶）出现为止。夏秋季节需要 8～10 天，冬春季节温度低，种子发芽的时间长一些，需要 15～20 天。

**2. 幼苗期**　从第一片真叶出现至第一叶环形成，达到“团棵”时为止，一般早熟品种有 5 片叶，中晚熟品种有 8 片叶。夏秋季节需要 25～30 天，冬春季节需要 40～60 天，若秋冬季育苗则需要 120～160 天。

**3. 莲座期**　从团棵开始至第二、第三叶环形成、植株开始结球为止。早熟品种再长出 5～10 片叶，需要 20～25 天；中晚熟品种再长出 8～16 片叶，需要 30～40 天。莲座期的最大特点是叶片和根系快速生长，叶片呈莲座状排列构成莲座叶丛，莲座叶完全展开时，球叶开始生长。

**4. 结球期**　从莲座叶形成、心叶抱合球叶生长至叶球成熟开始收获为止。不同品种完成结球期的时间不同，在适宜的条件下早熟品种需要 20～25 天，中熟品种需要 30 天左右，晚熟品种需要 40～50 天。

**5. 休眠期**　结球甘蓝叶球形成后即可采收食用或上市，也可低温贮藏。留作种株的结球甘蓝要整株低温贮藏，进行强制性休眠，经过 90～180 天完成春化作用并分化形成花芽，为生殖生长奠定基础。

**6. 抽薹期** 经过低温休眠、完成春化作用和花芽分化的种株，从定植栽培至花茎长出为止，需要 25～40 天。结球甘蓝也可直接接受低温完成春化作用转入生殖生长，但对幼苗本身与环境条件要求严格；早熟品种幼苗具 5～6 片真叶、茎粗 0.6 厘米以上、最大叶宽超过 6 厘米，中晚熟品种具 10～15 片真叶、茎粗 1 厘米以上、最大叶宽超过 7 厘米，是通过春化作用最适宜的苗龄；幼苗春化作用的温度为 0℃～10℃，在 1℃～4℃条件下春化速度最快；不同品种完成春化作用的时间不同，一般早熟品种 30～40 天，中熟品种 40～60 天，晚熟品种 60～90 天，而且植株越大完成春化作用需要的时间越短；尖头型和平头型品种通过春化作用需要的时间长、植株开花对光周期的要求不严格，圆头型品种开花需要较长的光周期诱导、通过春化作用需要的时间短。

**7. 开花期** 从第一朵花开放至最后 1 朵花凋落为止，品种不同，花期长短也不同，一般需要 30～35 天。

**8. 结荚期** 从植株花落至角果变黄成熟，需要 30～40 天。

### (三)对环境条件的要求

结球甘蓝生长对环境条件的要求与大白菜相似，但抵抗不良环境的能力较大白菜差一些。结球甘蓝也是以营养器官(叶片)为收获产品，除制种外主要以保证营养器官生

长为生产目的。影响结球甘蓝生长的环境因素主要有光照、温度、水分和土壤等。

**1. 温度**　结球甘蓝比较耐寒，生长喜冷凉温和的气候，对高温也有一定的适应能力，在7℃～25℃条件下均能正常生长与结球，生长最适宜温度为15℃～25℃。结球甘蓝不同的生长发育阶段对温度的要求有所不同，种子在2℃～3℃条件下能缓慢发芽，发芽期的最适宜温度是18℃～25℃，在最适温度条件下2～3天即可出苗。刚出土的幼苗抗低温能力较弱，随着植株的长大抗低温能力逐渐增强，具6～8片真叶的健壮幼苗可以耐受较长时间的－1℃～－2℃低温和较短时间的－3℃～－5℃低温，经过低温锻炼的幼苗甚至可以耐受短期的－8℃～－12℃的严寒。莲座期外叶生长的适宜温度为15℃～20℃，超过25℃（加上干旱）光合效率降低、呼吸增强、基部叶变黄、短缩茎伸长，气温高于30℃时叶片停止生长。结球期要求温和冷凉的气候，叶球生长的最适温度为15℃～20℃，低于10℃叶球生长缓慢，超过25℃叶球松散、包心不紧、生长缓慢或停止、产品品质和产量下降。结球甘蓝耐寒能力较强，成年植株能耐－3℃～－5℃甚至短期－10℃～－15℃的低温，早熟品种的叶球能耐－3℃～－5℃的低温，中熟品种的叶球则能耐－5℃～－8℃的低温。种株开花期的最适温度为20℃～25℃，超过30℃植株开花、授粉和结荚均会受到严重影响，导致种子的产量和质量降低。

**2. 水分**　结球甘蓝根系分布浅，对土壤深层的水分吸

收能力弱；叶片面积大，蒸腾作用强，水分蒸发量多；营养器官含水量达 90%以上，正常生长需要大量的水分供应。所以，结球甘蓝需要在土壤和空气湿度大的环境中生长，一般要求土壤相对含水量为 70%～80%、空气相对湿度为 80%～90%，尤其对土壤湿度要求严格。保证了土壤湿度，即使空气湿度稍低，植株也能良好生长并结球。如果土壤水分不足，再加上空气干燥，则会引起基部叶片脱落，叶球小且松散，甚至不能结球，影响产量和品质。研究表明，每生产 1 千克叶球植株需要吸收 100 升水，因此结球期甘蓝生产一定要保证水分的供应。结球甘蓝不耐积水，如果浇水过量或雨水过多，根系会因积水的影响（无氧呼吸）而变褐、变黑、死亡，还能引发黑腐病和软腐病。需要注意的是，结球甘蓝整个生育期要保持土壤湿润，一般每 6～7 天浇 1 次水，但采收前 5 天要停止浇水，以免植株吸收水分过多，叶球胀裂，出现“炸球”现象。因此，旱能浇、涝能排是结球甘蓝高产稳产的条件之一。

**3. 光照** 结球甘蓝是长日照作物，在未完成春化前，长日照有利于生长；如果植株已经通过春化作用，长日照则有利于加速抽薹开花。结球甘蓝是喜光性植物，但植株生长对光照强度的要求不严格，中等强度的光照即可满足生长需要，强光照和高温则对生长不利。特别是结球期要求较弱的光照和较短的日照，一般秋季结球比夏季好。生产中，特别是在夏季高温季节如果与玉米等高秆作物遮阴间作，则有一定的增产效果。

**4. 土壤**　结球甘蓝是喜肥耐肥作物，最好选择保水保肥性能较好的肥沃土壤栽培。结球甘蓝对土壤适应能力较强，对土质要求不严格，从沙壤土到黏土均可种植。结球甘蓝良好生长要求微酸性至中性土壤，最适 pH 值为 5.5～6.5，土壤过酸会引发根肿病。结球甘蓝能耐轻度盐碱，在含盐总量为 0.72%～1.2%的土壤中仍可正常生长结球。

## 二、结球甘蓝的需肥与吸肥

结球甘蓝与大白菜很相似，也是喜肥作物，而且比一般蔬菜的需肥量要大得多。结球甘蓝以叶球为收获产物，保证叶片的生长是生产的关键。结球甘蓝在不同的生长阶段对养分的需求不同，吸收量的多少与植株的生长状况直接相关。

### （一）对营养元素的吸收

结球甘蓝喜肥耐肥，对营养元素的吸收大于一般的蔬菜，是一种产量高、养分消耗量大的蔬菜。试验证明，每生产 1 000 千克结球甘蓝，植株需吸收氮 2～4.52 千克、磷 0.72～1.09 千克、钾 2.2～4.5 千克。整个生育期吸收氮、钾、钙较多，吸收磷较少，一般情况下植株吸收氮、磷、钾、钙、镁的比例为 3.5∶1∶4.2∶2.7∶0.6。在叶球生长盛期的试验表明，结球甘蓝植株中莲座叶钾的含量最高，球叶含氮最高，叶球的中心柱（内短缩茎）含磷量最高。结球甘蓝喜钙，对铁、锌和硼高度敏感，生产上不可缺少。结球甘蓝缺钙的典型症状是“叶烧边”，即叶球的球叶边缘枯死。气候干旱、浇水不及时、氮肥过量、土壤溶液浓度过高均会影响植株对钙元素的吸收。保持土壤湿度、注意施用含活性钙的复合肥料，是减少结球甘蓝“叶烧边”病发生的有效措施。

### （二）需肥吸肥特点

结球甘蓝对养分的吸收，不仅与品种有关，还与栽培季节和产量水平有关。春季与秋季的温湿度和气候条件有很大不同，春甘蓝和秋甘蓝的生育期不同，对养分的吸收也有差别。

**1. 秋甘蓝**　秋甘蓝栽培大多选用中晚熟品种，生育期长，产量高，需要消耗较多的养分。如果用于冬季贮藏，采收期延迟，需要消耗的养分会更多些。

（1）发芽期　结球甘蓝种子发芽主要消耗种子自身贮藏的养分，选择粒大饱满的健康种子，并进行精细整地和做苗床，是保证苗齐苗壮的根本保障。

（2）幼苗期　幼苗期植株根系逐步形成，开始吸收养分和水分。叶片逐渐形成、展开并进行光合作用，随着幼苗的生长对养分的需求逐渐增多。幼苗期消耗养分以氮、磷为主，氮素较多，氮、磷缺乏生长明显受到抑制。结球甘蓝苗期需钾量不大，可不施或少施钾肥。

（3）莲座期　莲座期植株根系和叶片生长速度加快，植株需吸收大量的养分，以保证强大的吸收器官和同化器官的形成。此期光合效率增强、吸收能力加大，加强肥水管

理，培育相当数量的莲座叶（外叶）是结球甘蓝高产优质的关键。在适宜的栽培条件下，结球甘蓝从播种出苗后，经过幼苗期、莲座期，随着生长量的不断增加，对氮、磷、钾等元素的吸收量也在不断增加。结球前养分吸收量占整个生育期养分总吸收量的15%～20%，其中氮素吸收最多，至莲座期后期（定植后35天左右）达到高峰，钾素吸收较少，占整个生育期吸收总量的6%～10%。

（4）结球期　结球期是甘蓝生长量最大，养分消耗最多，是形成产量的关键时期。开始结球后，对氮、磷、钾等养分的吸收量迅速增加，达到整个生育期养分总吸收量的80%～85%。定植后50天左右对钾的吸收量最大，占整个生育期吸收总量的90%左右。此期，外叶中20%的养分向叶球转移，以保证叶球的生长发育。由于钙在植物体移动比较困难，如果根系吸收钙的量较少，叶片中钙的含量低于0.2%时，便会出现缺钙症状。

**2. 春甘蓝**　春甘蓝栽培以早熟品种为主，生育期较短，结球小，产量低，吸收养分的总量比夏、秋甘蓝相对较少。春甘蓝生长对养分的需求规律与秋甘蓝大多相同，各生育期对养分的吸收量随着春季气温的不断升高、植株生长量不断增加而增加。所不同的是，结球前养分吸收的比例相对较高。对于露地常规栽培的春甘蓝，结球前植株对氮、磷、钾的吸收量分别占整个生育期养分总吸收量的37%、35%、41%；地膜覆盖栽培春甘蓝，结球前植株对氮、磷、钾的吸收量分别占全生育期总吸收量的43%、44%、51%，明显高于常规栽培。地膜覆盖不仅能促进春甘蓝前期养分的吸收,而且能加速养分向球叶中转移,促进叶球生长,有利于提高产量。

## 三、结球甘蓝施肥实用技术

结球甘蓝栽培以收获叶球为目的,发芽期植株主要依靠种子贮藏的营养生长发育。因此,栽培管理上施肥的重点是保证幼苗期、莲座期和结球期的养分需求。结球甘蓝栽培采用育苗移栽,施肥分苗床施肥和本田施肥两部分,结球甘蓝施肥分为基肥和追肥。

### (一)合理施用苗床肥

苗床施肥是培育结球甘蓝壮苗的关键,幼苗健壮则是结球甘蓝优质高产的基础。结球甘蓝育苗一年四季均可进行,只是由于各季节温度、光照等环境条件的不同,苗龄35～150天差异很大。

**1. 苗床土配制** 苗床要选择土壤肥沃、排水良好、背风向阳、地势高燥、前茬没有种植过十字花科蔬菜的地块。播种前按每667米$^2$施腐熟有机肥(最好含有腐熟马粪)1 500千克、硝酸铵5～6千克的量施肥作为幼苗生长的基础。

如果苗床地不理想或在温室内育苗,可根据需要配制苗床营养土。苗床营养土主要采用疏松肥沃的园土、腐熟有机肥、马粪和草炭土等配制而成,结球甘蓝苗床土配方有以下几种供参考。①腐熟有机肥6份、肥沃菜园土4份(春

季甘蓝育苗)。②腐熟马粪3份、腐熟草炭土3份、肥沃菜园土4份(春季甘蓝育苗)。③腐熟草炭土5份、肥沃菜园土5份。④腐熟有机肥4份、肥沃菜园土6份(夏季甘蓝育苗)。⑤腐熟有机肥3份、肥沃菜园土6份、草木灰1份。

苗床土配好后,每立方米加硫酸铵250克、过磷酸钙500克、硫酸钾250克,混合均匀并过筛后铺入苗床中,厚度10～12厘米,严格消毒后播种。也可以将苗床营养土装入营养钵,采用营养钵育苗效果更好。

**2. 育苗期追肥**　育苗期追肥可根据实际情况进行,缺什么养分补充什么养分。如果结球甘蓝育苗期在温度较低的时节(如南方春甘蓝生产越冬育苗),则要注意控制苗期施肥。施肥过少,养分严重不足,会促进甘蓝植株抽薹开花;施肥过多,幼苗生长太快,又容易过早感受低温,形成花芽而抽薹。一般的做法是低温到来前不施速效性氮肥,以免幼苗植株过大而感受低温春化;苗床育苗需要分苗,分苗时可加施少量速效氮肥,帮助幼苗根系恢复生长,促进幼苗快速返青。定植起苗之前,追施1次腐熟人粪尿,以提高幼苗抗逆性,缩短缓苗期。

### (二)重点施用基肥

基肥是结球甘蓝幼苗定植后健壮生长的基础,早熟品种生育期短,基肥是植株生长的主要养分来源,晚熟品种生育期长还要施用追肥加以补充。基肥以施用充分腐熟的优质有机肥料为主,再辅助以氮、磷等化肥。

生产上一般每667米$^2$施腐熟的厩肥或堆肥4 000～

5 000 千克、磷肥(过磷酸钙)40～50 千克，二者充分混合堆积，充分腐熟后施用。上茬作物收获后，立即除草耕翻。结球甘蓝幼苗定植前 15 天整地做畦，结合整地普施腐熟基肥 60%，以保证与土壤充分混合；幼苗定植时再沟施或穴施余下的 40%，以提高甘蓝植株根区土壤温度，改变土壤营养状况，促使甘蓝尽早缓苗和生长。也可结合整地将全部基肥撒施，并深翻 20～25 厘米，让肥料与土壤充分混匀。

如果土壤(酸性土、沙性土)缺乏硼、镁元素，则还需要在基肥中增加硼肥和镁肥，一般每 667 $米^2$ 增加硼砂 1～1.5 千克、硫酸镁 10～15 千克。

结球甘蓝保护地栽培比露地栽培增产 30%左右，因此保护地栽培结球甘蓝要比露地栽培多施 20%～40%的肥料。为了防止甘蓝叶球中硝酸盐含量高，施肥时应尽量减少(10%～20%)氮肥用量，适当增加磷、钾肥和有机肥、生物肥的比例。

### (三)灵活施用追肥

科学地追肥是结球甘蓝各发育阶段(幼苗期，莲座期，结球期)生长所需养分的补充和保障，追肥的重点在莲座叶生长盛期和结球前期。不同品种结球甘蓝生育期长短不同，不同季节结球甘蓝生产的气候、环境条件不同，因此追肥的次数、种类和数量也应有所差别。

**1. 轻施缓苗肥** 结球甘蓝定植后，为促进植株根系发育和生长，提高幼苗抗逆性，促进缓苗，需要追施少量速效性氮肥，特别是春甘蓝生产更要注意肥水控制。一般在定

植后7～10天每667米$^2$浇腐熟稀粪水(人粪尿)50～70千克,也可追施尿素5千克,或硫酸铵20千克,或磷酸二铵6～10千克,还可施用其他速效性氮肥7～10千克。

**2. 补充发棵肥**　结球甘蓝定植后15～20天,幼苗第一叶环形成,在达到“团棵”之前,每667米$^2$追施尿素15千克,为完成莲座期生长奠定基础。如果土壤肥力较强,养分供应充足,也可不施发棵肥。

**3. 重施莲座肥**　结球甘蓝缓苗后进入莲座期生长,莲座期是甘蓝生产的关键时期,用肥量大。莲座叶旺盛生长时,每667米$^2$追施腐熟人粪尿(有机肥)2 000～3 000千克,或追施尿素10～15千克、硫酸钾10～15千克,或硫酸铵30千克、硫酸钾2千克。也可以在心叶开始抱合时,每隔10～15天随浇水冲施肥料1次,以腐熟的粪尿肥、饼肥为主,再配合施用少量的磷、钾复合肥。每次每667米$^2$可施用腐熟的粪尿肥或饼肥液60～100千克,或磷、钾复合肥20～30千克。

**4. 保证结球肥**　从开始结球到收获是甘蓝养分吸收强度最大的时期,此期应保证充足的肥水供应。叶球是结球甘蓝的收获产物,叶球的生长直接关系到结球甘蓝的产量和质量,保证结球期植株肥水充足对甘蓝生产尤其重要。结球期施肥一般在结球初期和结球中期分2次完成,对生育期较长的中晚熟品种可适当增加施肥次数。每次每667米$^2$可施用腐熟有机肥(人粪尿)1 000千克或三元复合肥20～40千克,同时配施硫酸钾30千克或尿素7～9千克或硝酸铵 9～12 千克，或者尿素和硫酸钾各 10～15 千克。结球后期植株生长缓慢，需肥量少，可不再追肥。收获前 20 天，禁止使用无机氮肥，以保证叶球质量和耐贮运性。

**（四）辅助施用叶面肥**

对于容易发生缺素症（缺硼、钙）的土壤，在结球初期每 5～7 天叶面喷施 0.1%～0.2%硼砂溶液和 0.3%硝酸钙溶液，连续喷施 2 次，可有效提高结球甘蓝的产量和商品性。也可以结合防治病虫害喷药进行。

# 第六章　花椰菜科学施肥技术

花椰菜也称花菜、菜花，有的地方称椰花菜，由野生甘蓝演化而来。花椰菜的食用部分为花球，具有营养丰富、味道鲜美、粗纤维少、容易消化等特点，深受广大消费者欢迎。花椰菜生产发展迅速，特别是近十几年来，栽培面积迅速增长。

## 一、花椰菜的生物学特性

花椰菜是十字花科1～2年生草本植物，植株形态与甘蓝相似。花椰菜叶面被蜡粉，花球多呈乳白色，也有紫色品种。花椰菜营养丰富，除含钙、磷、钾等矿物质营养元素外，还含有蛋白质、碳水化合物，特别是维生素C的含量非常丰富。

### (一)植物学特征

花椰菜是浅根性蔬菜，主根基部粗大，根系(须根)发达，主要根群密集在30～40厘米的土层中，尤其是在20厘米以上的土层内分布最多。幼苗定植时，为了切断主根、促进侧根的萌发和形成，常常要对幼苗移栽几次后进行定植，使幼苗更容易成活。由于花椰菜根系入土较浅，抗旱能力相对较弱，生产中必须保持土壤处于较湿润的状态。

花椰菜的茎呈高脚花瓶状，长 20～25 厘米，下部较细，上部靠近花球的部分相对较粗。多数花椰菜品种茎不分枝（腋芽不萌发），但有的品种会长出一个或多个侧枝，产生小的花球，生产上应及早除掉这些侧枝，以免影响主花球的产量和品质。

花椰菜刚出苗时与甘蓝的幼苗很难区分，真叶长出后才有明显差异。花椰菜的叶自第一片真叶起，3 片叶为一层、5 片叶为一轮在茎上呈螺旋状排列。全株共有 15～30 片叶，一般早熟品种、中熟品种和晚熟品种植株依次增高、叶片依次增大、叶数依次增多。花椰菜幼叶叶柄较小，营养生长期有长叶柄。叶片披针形或长卵圆形，叶片狭长、质地较厚、表面粗糙、无茸毛，先端稍微变尖。成熟叶片略微皱缩，叶面有蜡粉，有减少水分蒸发的作用。叶片颜色为浅绿色、绿色、灰绿色和深绿色。花椰菜的叶分为外叶和内叶 2 种，外叶张开，由外向内逐渐变大，花芽分化后便不再增大。内部叶片包裹花球，心叶向中心自然卷曲和扭转，可保护花球免受日光照射和霜冻的危害。

花椰菜的产品器官是花球，花球由白色的主轴、花梗和花枝顶端组成。主轴肥嫩，主轴上着生花梗。花梗肉质，每个肉质花梗连接若干个小花球。每个小花球由 5 级花枝组成，正常情况下花椰菜花枝上并不形成花芽（称花枝顶端）。花椰菜的花球半球形，表面颗粒状呈左旋辐射轮纹（5 轮）排列，质地紧密。一般 1 个花球由 60 个小花球组成，但小花球大小不同，基部小花球直径 2～3 厘米，中心部位小花球

直径不到 1 厘米。

组成花球的花枝顶端继续分化形成花芽，各级花枝陆续生长，花球松散解体，最后主轴伸长开花。花椰菜为复总状花序，完全花，花萼 4 枚、绿色或黄绿色，花瓣 4 片、黄色、“十”字形排列，雄蕊 6 枚，雌蕊 1 枚，靠昆虫传授花粉（虫媒花）。

花椰菜为长角果，扁圆筒形，长 7～10 厘米，成熟时两瓣纵裂。种子着生在两侧的胎座上，每个果实含种子 10 粒左右。种子为圆形微扁，红褐色。

### （二）生长发育

花椰菜整个生长发育分为营养生长期和生殖生长期。营养生长期主要形成植株的根、茎、叶等营养器官，营养器官的发育状况决定花球的膨大程度。营养生长期可分为发芽期、幼苗期、莲座期、结球期 4 个阶段。生殖生长期植株开花、结果、形成新的种子，可分为抽薹期、开花期、结荚期 3 个阶段。

**1. 发芽期**　从种子萌发至幼苗子叶展开、真叶显露为发芽期，需要 7～10 天。种子吸水膨胀，胚根突出，种皮破裂，子叶伸出地面，逐渐展开。

**2. 幼苗期**　从真叶显露至第一叶序的 5 片叶片展开、团棵苗形成为幼苗期，需要 25～30 天。团棵苗形成后，植株快速生长并增加叶片数量。

**3. 莲座期**　从第一叶序展开至莲座叶全部展开为莲座期，需要 25～45 天。莲座期植株生长形成强大的莲座叶，根系迅速扩大，植株吸收水分、养分和光合作用能力大大加强，为结球形成产量准备物质条件。莲座后期植株顶芽分化，心叶向内自然卷曲和旋拧，开始形成花球。

**4. 结球期** 从出现花球至花球成熟为结球期，需要20～30天。结球前期叶片旺盛生长，生成足够的光合器官，叶片光合作用制造大量的营养物质，以保证花球生长所需养分的供应。结球中期植株顶芽发育形成花蕾，随着花蕾的发育膨大，植株体内合成的干物质优先向花蕾集中，向根群分配的干物质逐渐减少，导致根系老化、枯死，吸收水分的能力减弱。结球后期，叶片生长缓慢，花球生长迅速并成熟。花椰菜品种不同，其花球形成时间的长短也不同，一般早熟品种从定植至采收需要40～70天(叶少花球小)，中熟品种从定植至采收需要80～90天(叶多花球较大)，晚熟品种从定植至采收需要100～120天(株高叶多花球最大)。

**5. 抽薹期** 花球成熟至花序形成、植株开始开花之前为抽薹期，需要15天左右。花椰菜的花球形成后没有休眠期，温度适宜便可直接进入抽薹期，花枝顶芽生长，花枝花茎上抽出花薹。一个成熟的花球，其花枝可分出几十个一级侧枝和二级侧枝。随着花枝的生长，花序也逐渐向上生长。随着白色花枝逐渐变绿，开花部位(花原体)由白变黄、变紫、变绿，最后形成黄色的花冠。

**6. 开花期** 从第一朵花开放至全株花朵凋谢为开花期，需要20天左右，盛花期为10～15天。总状花序花自下而上逐渐开放，一个花序每天可开放4～5朵花。花椰菜抽

薹开花期最适宜温度为15℃～30℃，温度过高或过低，花粉均不能正常发育，导致只开花不结果。

**7. 结荚期**　从全株花朵凋谢至角果成熟为结荚期，需要25～40天。角果成熟时为黄色。

### （三）对环境条件的要求

花椰菜品种繁多，以花球为收获器官。影响花椰菜生长的环境因素主要有光照、温度、水分和土壤等。

**1. 温度**　花椰菜属于半耐寒性蔬菜，喜冷凉的气候条件，不耐炎热、干旱和霜冻。生长发育的适宜温度范围比较窄，气温过低不易形成花球，气温过高会导致花薹迅速伸长，使花球失去食用价值。选择合适的栽培品种、掌握适宜的播种时间是花椰菜生产的关键。花椰菜在生长发育的不同阶段所需的温度条件不同。

种子发芽期的最适宜温度为20℃～25℃，在30℃以上的高温和2℃～3℃的低温条件下也可以缓慢发芽，因此花椰菜育苗在寒冷的冬季也可以正常进行。

花椰菜幼苗的耐热、耐寒能力较强，幼苗生长的最适温度为15℃～20℃。如果幼苗生长环境温度过高（超过25℃）或日照不足，将导致幼苗生长过快（徒长），苗株细弱不健壮，影响植株发育和花球形成的质量。经过低温锻炼的花椰菜健壮秧苗可以耐受－6℃～－7℃的低温。

花椰菜莲座期生长的适宜温度为15℃～20℃，高于25℃，叶片光合能力衰退，光合效率下降，影响植株和花球的生长发育。

花球形成的适宜温度为15℃～18℃，低于8℃生长缓慢，低至0℃以下则容易受冻害；高于24℃且气候干燥，花球生长不良，花球细小、花枝松散、花枝上萌发小叶，导致花球品质下降。因此，花椰菜生产要特别注意控制好生长期温度。一般早熟品种比较耐热，气温达到25℃仍能形成花球，但花枝松散，品质不良。中晚熟品种耐热性较差，20℃条件下就会出现花球质量问题。

开花结果期的适宜温度为15℃～18℃，超过25℃花粉败育，雌花畸形，不能完成授粉受精过程，不能产生果实和种子。

需要说明的是，花椰菜是以花球作为收获和食用器官的，生产过程中必须保证花椰菜顺利通过春化作用才能分化花芽和形成花球。不同的栽培品种完成春化作用的温度和时间不同，极早熟品种通过春化作用要求温度低于23℃，早熟品种低于20℃，但二者完成春化作用所需要的低温日数相近，均为15～20天；中熟品种通过春化作用要求温度低于17℃，完成春化作用所需要的低温日数为20～25天；晚熟品种通过春化作用要求温度必须低于15℃，完成春化作用所需要的低温日数较长，特别是小株晚熟品种，约为30天。

**2. 光照**　花椰菜为长日照植物，但已通过春化作用的植株，花球形成不受日照长短的影响，在我国南、北方各地都可以良好生长。影响花椰菜花球形成的主要因素是温度，不是光照时间。

光照有利于花椰菜的生产。在充足的光照条件下，植株生长旺盛、同化物质积累增多。抽薹开花期光照不足，会影响植株的开花、传粉、花粉萌发和种子发育，因此要保持充足的光照。花椰菜的花球形成期要避免阳光直射花球，如果光照太强，温度过高，会导致叶片生长受阻，心叶无法包裹住花球，花球直接受太阳光的照射，变成淡黄色或淡绿色，产量和品质都会受到影响。

**3. 水分** 花椰菜根系分布较浅，不耐干旱也不耐涝，生长过程中对水分的要求比较严格。生长发育最适宜的土壤相对含水量为70%～80%，最适宜的空气相对湿度为85%～90%，且不同的生长时期对水分的需求也不相同。幼苗期在高温季节要控制水分供应，水分供应过多，容易引起植株徒长或发生病害。茎叶生长时期要保证水分供应，如果土壤水分供应不足，则会使植株的营养生长受抑制，提早形成花球；茎叶生长受阻，光合能力下降，养分供应不足，最终导致花球小、品质差、产量低。

**4. 土壤** 花椰菜是喜肥耐肥性作物，对土壤要求比较严格，生产上要选择耕作层深厚、土质疏松、有机质含量高、排水方便、保水保肥能力强的肥沃土壤栽培。花椰菜耐盐性较好，适宜在pH值为5.5～6.6的土壤中生长。

## 二、花椰菜的需肥与吸肥

花椰菜生长发育对氮肥的需求量较大，对磷、钾肥的吸收则集中于花球生长阶段。花椰菜生长还需要硼、镁、钼等

微量元素，生产上要特别注意防止微量元素缺乏，以保证较高的光合效率和正常的代谢过程。

### （一）对营养元素的吸收

花椰菜以花球为收获产品，氮、磷、钾肥对花椰菜的生长至关重要。总的来说，花椰菜对氮、钾吸收较多，对磷吸收相对较少。试验证明，每收获 1 000 千克产品需要氮 10.8～13.4 千克、磷 2.1～3.9 千克、钾 9.2～12 千克。未出现花蕾前，植株生长量小，吸收的养分也少。定植后 20 天左右，随着花蕾的出现和膨大，植株对营养的吸收急剧增加，直到花球膨大盛期。由于花球的生长量比茎叶的生长量大，花球膨大期对肥料的需求最大。花椰菜整个生长期内对氮、磷、钾吸收的比例约为 4∶1∶3。

花椰菜属于高氮蔬菜类型，在整个生育期间均需要有氮素供应，施氮量增多产量增加。氮对幼苗期茎叶的生长影响明显，幼苗期氮素供应不足植株会提早现蕾，导致花球小而降低产量。从花芽分化到花蕾出现，除需要氮素供应外，还需要大量的磷、钾肥，以促进花芽分化和花球形成。花蕾发育期养分的吸收与施肥量呈正比，如果氮素供应不足，会使叶片中的养分向花蕾运输，造成下部叶片变黄，甚至脱落，光合效率降低而影响产量。花蕾形成期应保证肥料的供应，在多雨的地区和年份多施钾肥效果更好。如果土壤肥沃、有机质含量高、钾肥量大，可以减少氮肥缺少对花蕾生长的影响。

花椰菜对镁、硼、钼等微量元素也非常敏感。植株缺

硼，常引起花茎中心开裂，花球变成锈褐色，味道变苦，叶片变成黄色。植株缺镁，则老叶变黄，降低光合效率。植株缺钼，新生叶呈鞭状卷曲，称为“鞭尾病”，植株生长迟缓，花球膨大不良。植株缺钙，花球容易发生黑心病。为了防止花椰菜缺素症状的发生，生产中每 667 米$^2$ 应施硼砂 0.05～0.1 千克、钼酸铵 0.05 千克，可用水溶解后与其他肥料拌匀施用。

## （二）需肥吸肥特点

花椰菜栽培的目的是培育花球供人们食用，花球的生长是花椰菜生产的重点。花椰菜在不同的生长期对养分的需求不同，花芽分化期吸收氮素较多，花球膨大期吸收磷、钾肥较多。

**1. 生育前期**　从播种至花芽分化为生育前期，需要 50 天左右。生育前期植株生长主要是促进叶片的分化，尽量增加叶片数，扩大叶片面积，提高有效养分的积累，促进地上部和地下部的发育，因此对氮素和磷素的吸收旺盛。花椰菜幼苗叶片中氮的含量高于钾，而茎和叶柄中钾的含量高于氮，要注意氮素和钾素的施用平衡，促进养分向根部移动，有利于根系发育。生育前期植株生长量小，养分吸收少，但生产的有机物质最多，植物体内氮素消耗量也较大。所以，生育前期需要加强氮肥的施用，氮素不足会引起根系老化，影响植株后期生长。

**2. 生育中期**　从花芽分化至花蕾出现为生育中期，需要 20～30 天。生育中期花椰菜地上部旺盛生长，地下部根系生长也达到发育盛期，此期应注意追施钾肥。如果氮素过多，加上高温的影响，容易形成多叶花蕾。为防止叶片老化，维持叶片光合能力，除了供应氮、磷、钾之外，还需要钙和硼的供应。氮肥与其他无机营养相互配合才能取得高产。

**3. 生育后期**　从花蕾出现至产品收获为生育后期，需要20～30天。生育后期是花蕾膨大发育时期，花蕾重量显著增加，根群开始老化，此期为了提高植株的光合作用，不降低叶片中氮素的浓度，必须追施氮肥。随着花蕾的发育，叶片中的氮素流向花蕾而含氮量降低，为了防止叶片老化，必须保证根系健全，以利充分地吸收氮素和磷素。

## 三、花椰菜施肥实用技术

从花椰菜整个营养生长期看，发芽期和幼苗期植株生长量小，对肥水的需求量不大；莲座期的生长速度较快，生长量大，需要增加肥水的供应；结球期的生长量最大，生长速度更快，而且花球的成熟期短，需要及时供应肥水。

### (一)苗床肥

花椰菜的种植方式与结球甘蓝相似，多是露地栽培，在北方地区要经过育苗阶段。育苗一般在温室或阳畦等保护地进行。

**1. 苗床土配制**　苗床宜选择肥沃的沙质壤土，床面要平整。花椰菜发芽期根系较弱，需要肥水充足、通透性好的

营养土。苗床营养土最好选用3年以上没种过十字花科蔬菜的菜园土和不是同科蔬菜残体沤制的有机肥配制，配制方法有以下几种供参考。①菜园土50%，腐熟有机肥30%，细沙、细炉渣20%，少量过磷酸钙。②菜园土4～5份，腐熟有机肥6～5份，每立方米营养土加硫酸铵250克、过磷酸钙500克。③菜园土4份，腐熟马粪或鸡粪4份，草炭或陈炉渣2份，每立方米营养土加三元复合肥2～3千克、硼砂10～20克。

配制好的营养土应及时装钵或铺于苗床。

**2. 苗期追肥**　为了保证花椰菜苗齐苗壮，播种后20天左右，幼苗长出3～4片真叶时，按照大小苗分类假植。分苗时花椰菜根系适应性已较强，营养土要有一定的黏性，以防再次分苗或定植移栽时散坨，影响缓苗。分苗营养土的配制可采用菜园土6份，腐熟马粪或鸡粪4份，每立方米营养土加三元复合肥3～5千克、硼砂20～40克。如果营养土过于黏重，可适当增加有机肥的比例。

分苗后要施1次薄肥，苗期结束在大田定植前再施肥1次，以促进分苗或定植后快速缓苗。苗期追肥用腐熟的稀人粪尿效果较好，每次每667米$^2$可施用1 500千克。

## (二)基　肥

施足基肥是花椰菜高产的重要环节，尤其是早熟品种生长期短、需肥量大，栽培中肥料供应主要依靠基肥。

**1. 早熟品种**　春季花椰菜生产一般选用早熟品种，由于早熟品种生长期短、生长迅速，对养分需求非常迫切，所以早熟品种施用基肥应该以速效性氮肥为主，以667米$^2$为单位几种施肥配方（种类和数量）如下：①腐熟人粪尿1 500千克。②腐熟厩肥1 500～2 000千克。③腐熟有机肥2 500～4 000千克、三元复合肥30千克、草木灰50千克、硼砂50克、钼酸铵10～20克（缺钼土壤）。④腐熟畜禽粪肥1 000～3 000千克，三元复合肥20～25千克。

各种基肥可结合播种前整地沟施、撒施翻入土壤。

**2. 晚熟品种** 秋季花椰菜生产一般选用中晚熟品种，生长期较长，需要的养分多，基肥的施用量也要相应增大，一般是有机肥（厩肥）与磷、钾肥配合使用。以667米$^2$为单位施肥配方如下：①腐熟厩肥2 500～3 000千克、过磷酸钙15～20千克、草木灰50千克。②腐熟人粪尿1 500～2 000千克、过磷酸钙15～20千克、草木灰50千克。③有机肥（肥干、饼肥）500～1 000千克、过磷酸钙20千克、草木灰50千克。④腐熟畜禽粪肥2 000～3 000千克、三元复合肥20～25千克。⑤腐熟厩肥3 000～5 000千克、三元复合肥20～25千克。

各种基肥可结合播种前整地沟施、撒施翻入土壤。

### （三）追　肥

花椰菜栽培前期以营养生长为主，花球分化形成后营养生长与生殖生长并进，然后花球生长迅速增加，所需要的养分主要来自茎、叶与根中在前期贮藏和积累的养分。因此，要获得高产，需要在花球形成之前，培育健壮而较大的营养体，以确保花球迅速生长的养分供应。花椰菜追肥以

速效氮肥为主，配合施用磷、钾肥。这样，既可保证营养体生长，又可促进花球膨大。花椰菜在整个生长过程中需要追肥4次，分别在缓苗后、莲座初期、花球膨大期和花球直径约10厘米时进行。

**1. 缓苗肥**　幼苗定植后5～7天，通过缓苗后，结合浇缓苗水追施缓苗肥。以667米$^2$为单位施肥配方如下：①腐熟的稀粪水500千克。②硫酸铵20～30千克。③尿素10～15千克。④尿素7.5千克、磷肥15～18千克。

**2. 莲座肥**　在幼苗定植后15天左右，莲座叶旺盛生长，蹲苗结束，花球形成之前结合浇水追施莲座肥。以667米$^2$为单位施肥配方如下：①腐熟饼肥400～500千克。②硫酸铵30千克。③尿素20千克。④尿素15千克、磷肥35千克、氯化钾5千克。

**3. 催球肥**　在花球形成前期（花椰菜初现花蕾），为了给花球迅速膨大积累养分，要重施催球肥。以667米$^2$为单位施肥配方如下：①腐熟饼肥2 000～3 000千克、三元复合肥20～25千克。②腐熟人粪尿（40%）800千克。③尿素10千克、过磷酸钙20千克、硫酸钾8千克。④氮素化肥3～5千克。⑤三元复合肥40千克。

**4. 花球肥**　在花球形成中期（花球直径2～3厘米）追施花球肥，这个时期花球迅速膨大，保证肥水供应是花椰菜高产的关键。以667米$^2$为单位施肥配方如下：①腐熟饼肥2 000～3 000千克、三元复合肥20～25千克。②氮素化肥3～5千克。③尿素18千克。

## （四）叶面施肥

为提高花球的产量和质量，在花球形成的中后期应进行叶面辅助施肥，每隔 3～4 天 1 次，连喷 3 次即可。叶面肥也可与防治病虫药剂混合喷施。叶面施肥种类和浓度参考如下：①0.1%～0.5%硼砂溶液。②0.5%～1%磷酸二氢钾溶液。③0.01%钼酸铵溶液。④0.5%尿素溶液、0.2%硼砂溶液。

# 参 考 文 献

[1] 司力珊．白菜类甘蓝类蔬菜无公害生产技术[M]．北京：中国农业出版社，2012.

[2] 巫东棠．无公害蔬菜施肥技术大全[M]．北京：中国农业出版社，2009.

[3] 李俊良．蔬菜灌溉施肥新技术[M]．北京：化学工业出版社，2008.

[4] 刘宜生．怎样种好菜园[M]．北京：金盾出版社，2000.

[5] 张振贤．大白菜优质丰产栽培原理与技术[M]．北京：中国农业出版社，2002.

[6] 葛晓光．菜田土壤与施肥[M]．北京：中国农业出版社，2002.

[7] 王迪轩．无公害蔬菜科学施肥问答[M]．北京：化学工业出版社，2009.

[8] 贺建德．菜园科学施肥[M]．北京：中国农业科学技术出版社，2006.

[9] 裴孝伯．绿色蔬菜配方施肥技术[M]．北京：化学工业出版社，2011.

[10] 李新峥．怎样种好菜园[M]．北京：化学工业出版社，2011.

[11] 劳秀荣．菜园测土配方施肥技术百问百答[M].

北京:中国农业出版社,2008.

[12] 程季珍. 设施蔬菜施肥技术[M]. 太原:山西科学技术出版社,2006.

[13] 汪李平. 蔬菜科学施肥[M]. 北京:金盾出版社,2007.

[14] 吕英华. 无公害蔬菜施肥技术[M]. 北京:中国农业出版社,2002.

[15] 邹良栋. 植物生长与环境[M]. 北京:中国高等教育出版社,2010.